NCS 기반의

전기·전자 기초 회로 실험

박 건 작 저

북스힐

머리말

학교에서 배운 지식을 현장에 접목시키는 일은 아주 중요하면서도 쉬운 일이 아니다. 그 이유는 하나의 전공분야에도 수많은 파생직종이 있기 때문에 학교에서 그 많은 직종에 대비해서 만족할 만한 세부 지식을 전달하는 데는 한계가 있다는 점이다. 직업 현장에서의 각 종목에 대한 사전 프레젠테이션이나 훌륭한 설비나 장비를 이용한 실습을 통해 실현될 수도 있겠으나 경제적인 여건으로 사실상 쉽지 않은 게 우리의 현실이다. 그러나 한 분야의 가장 기초가 되면서 현장에서 가장 빈도수가 많은 지식을 가장 현장감이 있게 학습을 행하는 일은 반드시 필요하다. 바로 이것은 최근 화두가 되고 있는 국가직무능력표준(NCS)에 바탕을 둔 학습을 통해 최소의 경비로 최대의 효과를 이룰 수 있는 방안이 다각도로 모색되어야 할 것이다. 그중 하나가 각 전공에서의 기초과목에 대한 충실한 실험·실습이라고 볼 수 있다. 그러나 문제는 어떻게 현장에 매칭(matching)이 될 수 있는 학습내용으로 프로그램 또는 과제내용을 편집하느냐이다. 이 문제는 학교 안에서나 이론만으로는 해결될 수가 없으며 반드시 현장의 풍부한 경험과 지식이 있는 분들의 협조가 있어야 가능하다. 불행하게도 능력이 있는 현장의 기술자나 관리자들은 차분히 시간을 내어서 학습용 지침서나 교재개발을 할 시간적 여유가 없다. 따라서 다소 미약하지만 현장 경험이 있는 학교 교육자들이 이런 일을 시작하면서 현장의 지식인들의 시간적 여유를 기다릴 수밖에 없다고 본다. 본인은 연구소, 기업체, 학교에서 오십 년간의 경험을 통해서 전공분야에서 가장 중요한 것은 기초과목의 확고한 지식확보라고 믿고 있으며 어설픈 지식이 아닌 정확한 전공 기초지식이 없다면 그 분야에서의 더 높은 도전이나 창조력 발휘는 어렵다고 생각한다. 본 교재는 전기 및 전자회로의 기본 소자인 저항, 인덕터, 커패시터의 수동소자로 구성되는 기본회로를 익히는 데 필요한 16개의 학습과제로 편성되어 있다. 산업 현장에서 만나게 되는 전기 및 전자회로의 바탕지식이 되는 학습과제를 현장경력이 많은 분들의 조언을 통해서 나름대로 선정하였지만 해당 교육기관의 실정에 따라 과제의 수를 조절할 수 있으리라고 본다. 본 교재는 미약한 시작에 불과하지만 주변의 유능한 지식인들의 참여와 도움이 이어진다면 더 충실한 내용으로 후배나 후손들에게 풍요한 미래를 안겨줄 토대와 밑거름이 될 수 있으리라고 믿는다. 본 교재를 발간하는 데 여러모로 후원을 아끼지 않으신 (주)북스힐의 조승식 사장님과 집필방향에 대한 조언과 원고의 감수에 힘을 쏟아주신 양민복 교수님의 노고에 감사드린다.

2015년 1월 초

집필자 박 건 작

NCS란?

NCS는 National Competency Standards의 약자로 국가직무능력표준을 말한다. 간략히 말하면 산업현장에서 해당 직무를 성공적으로 수행하기 위한 지식, 기술, 소양 등의 실제적인 수행능력의 표준이 NCS이며 고용 직업분류 체계에 의해 산업 현장의 필수 능력단위 및 단위요소를 선정하여 지역적, 산업적 특성화된 교육운영을 산업현장의 수준에 맞게 교재를 개발하여 교육기관, 훈련기관, 산업현장, 자격 제도 간의 연계가 가능한 시스템을 만들고자 국가가 적극적으로 시도하는 제도이다.

본 교재는 국가가 산업 및 교육발전을 위해 시행하는 NCS에 기반을 두고 이론 위주보다는 짧은 시일 내에 실제의 산업 현장의 실제적인 업무에 적응할 수 있도록 수행과제의 내용이 현실적이고 체험적 깨달음 위주로 집필되었으며 각 과제의 서두에 왜 이 과제를 배우며 이것이 현장에서 어떻게 쓰이는가를 제시하였으므로 목표 지향적 수행을 통해서 수행하는 이들 모두가 국가 산업발전에 이바지하는 훌륭한 인재가 되기를 바랍니다.

차례

예비지식

A 사용부품 및 심벌

1. 사용부품

기초 회로 수행과제에 사용되는 부품은 1) 연결선, 2) 저항(R), 3) 인덕터(L), 4) 커패시터(C), 전원(전압 원)의 다섯 가지로 구분한다.

(1) 연결선

브레드 보드(bread board)에 연결하는 선(wire)으로 0.5~0.9 Φ의 피복 단심선을 말한다(그림 A.1).

그림 A.1 연결선

(2) 저항

저항에는 고정저항으로 탄소피막형, 권선형, 시멘트형 등이 있으며(그림 A.2a~c), 반 고정저항(그림 A.2d), 가변저항(그림 A.2e) 등이 있다. 그 용도는 표 A.1과 같다.

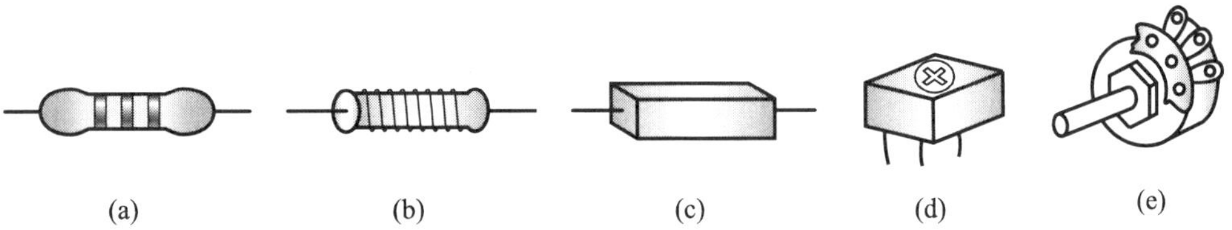

그림 A.2 저항의 종류

표 A.1 저항의 종류와 용도

구 분	종 류	용 도
고정저항	탄소피막형	일반 용도
	권선형, 시멘트형	고 전력용
반 고정저항	반 고정형	정밀 조정용, 계측기 등
가변저항	가변형	음량 및 전압레벨 조정용

(3) 인덕터

인덕터에는 그림 A.3과 같이 코일형, 액셜(axial) 리드형, 라디얼(radial)형이 있다.

(a) 코일형 (b) 액셜 리드형 (c) 라디얼형

그림 A.3 인덕터의 종류

(4) 커패시터

커패시터(콘덴서)에는 낮은 주파수에서 사용되는 전해형, 마일라(폴리에스텔 필름)형과 높은 주파수에 사용되는 모노리딕형, 세라믹형 등이 있다(그림 A.4a~d). 전해형 커패시터는 일반적으로 +, −의 극성이 있으므로 유의해야 하며 긴 선 쪽이 +극성이다.

(a) 전해형 (b) 마일라형 (c) 모노리딕형 (d) 세라믹형

그림 A.4 커패시터의 종류

(5) 전원

전원은 직류(DC)와 교류(AC) 전원으로 구분하며 전자의 대표적인 것이 건전지(배터리)이며, 후자의 대표적인 것은 우리 가정에서 사용하는 60 Hz 교류전원이다. 본 수행과제에서는 편의상 직류전원으로 건전지 대신에 교류전원을 직류전원으로 변환한 직류 안정화 전원장치를 사용하며 교류전원은 한전에서 송전하는 60 Hz와 정현파 발진기를 함께 사용하기로 한다.

2. 심벌

그림 A.5는 저항, 인덕터 및 커패시터와 스위치, 단상 변압기/퓨즈, 전원, 전류/전압계, 접지의 심벌을 나타낸다.

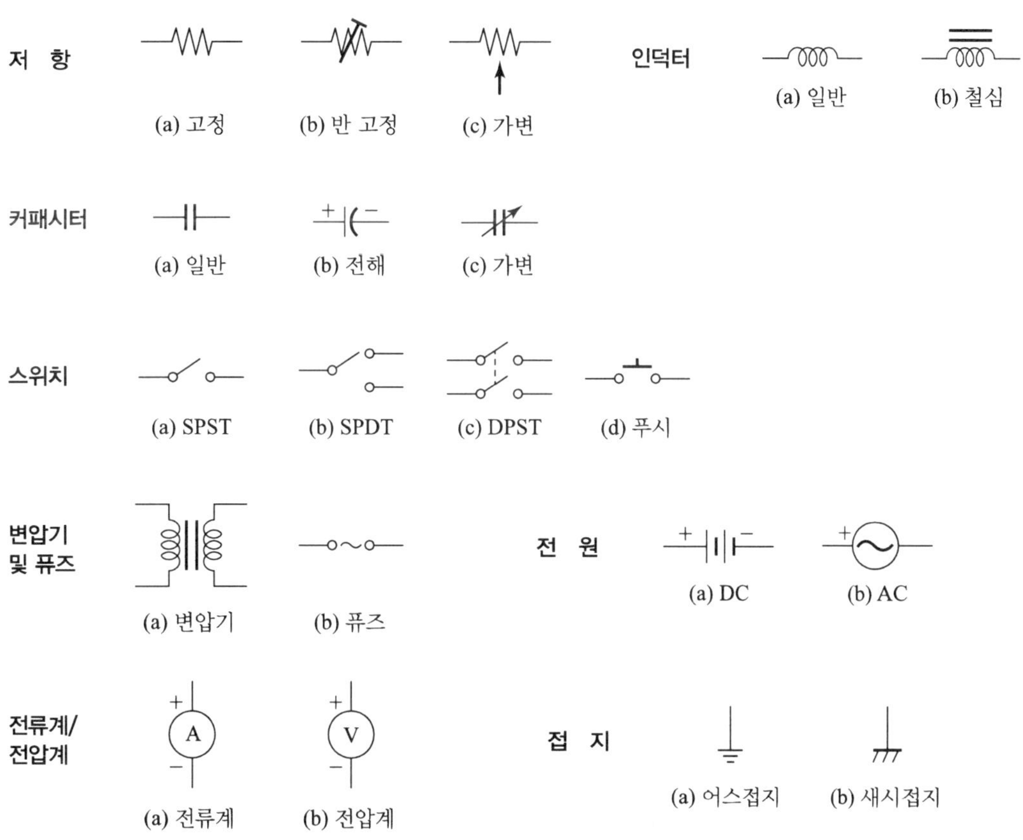

그림 A.5 심벌

그림 A.5의 스위치 심벌 SPST, SPDT, DPST에서 첫 번째 및 세 번째의 S는 Single, D는 Double의 약자로 하나이냐 둘이냐를 뜻하며 두 번째의 P는 Pole의 약자로 '회로'를 뜻하므로 SP는 1회로, DP는 2회로이며, 맨 뒤의 T는 Throw의 약자로 '접점'을 뜻하므로 ST는 1접점, DT는 2접점을 말한다. 따라서 그림 A.5의 (a)는 1회로 1접점, (b)는 1회로 2접점, (c)는 2회로 1접점 스위치를 말한다.

B 저항 및 커패시터 값 읽는 법

(1) 저항의 컬러 코드(color code)

탄소피막저항은 일반적으로 그림 B.1과 같이 몸체에 4개의 색띠로 그 값을 나타내고 있다. 이들을 보통 컬러 코드라 한다.

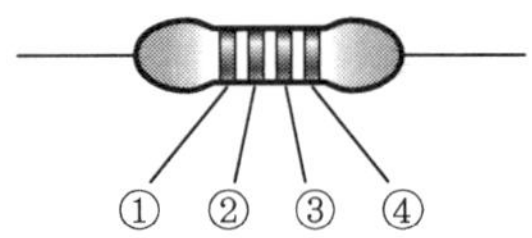

그림 B.1 저항의 컬러 코드

컬러 코드는 왼쪽 첫 번째에서 세 번째까지는 저항 값을, 네 번째는 저항의 오차 범위를 나타낸다. 컬러 코드에 대한 해석은 아래와 같다.

① 저항 값의 첫 번째 수를 표시하며 색×10으로 10자리 수이다.

② 저항 값의 두 번째 수를 표시하며 색×1로 단 자리 수이다.

③ 0의 개수를 나타낸다. 단, 이 띠의 색이 흑색이면 0이 붙지 않고(없고), 그 앞의 두 띠로 수 값을 형성한다. 또한 색이 금색이면 앞의 두 수에 의해 만들어진 값의 1/10이 되고, 은색이면 1/100 값이 된다. 컬러에 따른 수 값은 표 B.1과 같다.

④ 저항의 오차를 나타내며, 아무 색도 없으면 ±20 %, 은색이면 ±10 %, 금색이면 ±5 %, 갈색이면 ±1 %이다.

표 B.1 컬러 코드의 수 값

컬러 코드	흑색	갈색	적색	등색	황색	녹색	청색	자색	회색	백색
수 값	0	1	2	3	4	5	6	7	8	9

(2) 커패시터의 값

일반적으로 전해 커패시터는 표면에 값과 전압이 적혀 있지만 마일라 또는 세라믹 커패시터는 '103 J'와 같이 표기되며 단위는 pF(피코패럿)이다. '103 J'의 경우 '10'은 그대로 수 값, 세 번째의 수는 0의 개수를 나타내므로 103 → 10000 pF = 10 nF = 0.01 μF이 된다. 뒤의 알파벳은 오차를 나타내며 아래의 표 B.2와 같다. * nF = 10^{-9} F

표 B.2 커패시터의 오차

알파벳 표기	허용오차 범위
M	±20 %
K	±10 %
J	±5 %
G	±2 %
F	±1 %

C 회로 연결도

회로 부품들은 둘 또는 그 이상의 연결선을 갖고 있다. 일반적으로 고정저항, 인덕터, 커패시터는 2개의 연결선이 있으며, 이들을 직렬 또는 병렬로 다른 부품들과 연결해서 회로를 구성한다. 그림 C.1은 저항 3개를 연결한 경우이다. 즉, 저항 R_1, R_2, R_3이 함께 한 점에서 연결되어 있으며, 이 연결 점을 접점(junction) 또는 마디(node)라 한다. 여러 개의 접점이 있는 복잡한 회로에서는 서로 구분하기 위해 그림에서와 같이 접점 위에 a 또는 A 등의 알파벳으로 식별 문자를 붙인다.

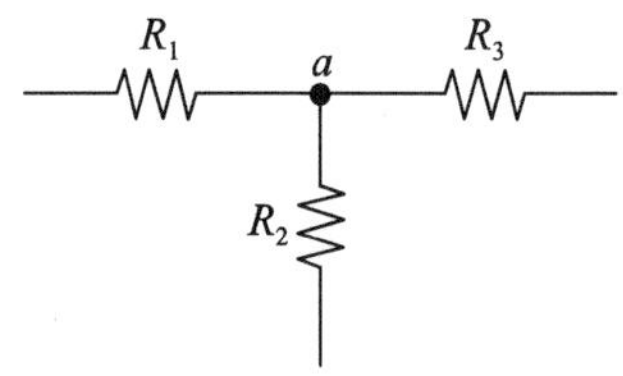

그림 C.1 저항의 연결도

그림 C.2는 저항 4개와 커패시터 1개가 서로 직렬 및 병렬로 연결된 회로이며 a, b, c, d의 네 접점을 갖고 있다. b, d의 연결선은 R_2, C_1의 연결선과 서로 만나지 않고 있기 때문에 R_2와 C_1의 연결선과 점이 찍혀 있지 않고 건너뛰는 구부린 선 표시를 한다. R_2와 C_1은 서로 직렬로 연결되어 있으므로 점을 찍어야 되지만 그럴 경우에는 R_1, R_2, R_3, R_4, C_1이 모두 만나는 표시가 되므로 이때는 R_2, C_1의 연결선에 점을 안 찍어도 둘이 연결된 것으로 구분한다.

[주] d 접점은 식별 문자가 없어도 a, c와 같은 점이므로 문자를 생략하고 점은 찍어도 안 찍어도 무방하지만 표시하는 경우도 있다.

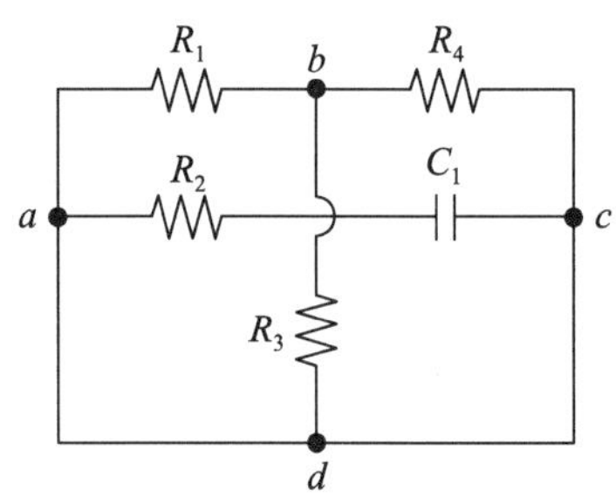

그림 C.2 미 연결선

D 계측기 사용법

(1) 측정 프로브(probe)의 연결

기초회로 실험에서 사용하는 계측기에는 DC 안정화 전원장치, 전압/전류계(테스터), 정현파 신호발생기, 파형 관측기(오실로스코프)이다. 이들 모두에게는 −단자 또는

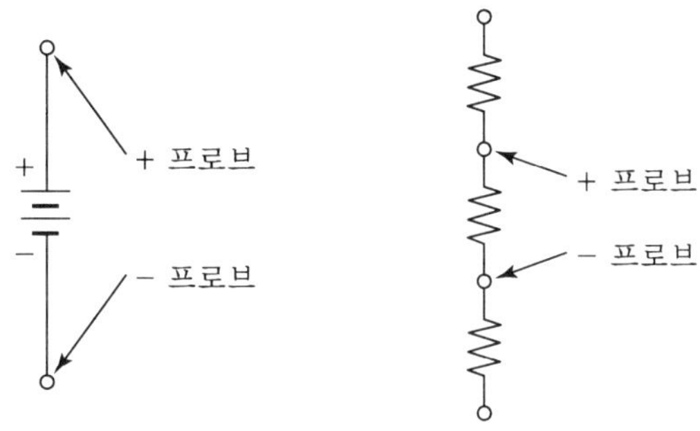

(a) (b)

그림 D.1 측정 프로브의 연결선

어스선과 +단자와 또는 신호선 이렇게 2개의 선이 있으므로 측정 시에 −단자 또는 어스선은 회로의 −단자 또는 기준단자에 연결하고 +단자와 또는 신호선은 반드시 회로의 +단자 또는 측정하고자 하는 접점이나 출력단자에 연결한다(그림 D.1).

(2) 테스터

DC 및 AC 전압, 전류, 저항을 간단하게 측정할 수 있는 테스터는 아날로그형(VOM)과 디지털형이 있다. 최근에는 디지털형이 많이 사용되고 있으며 DMM (Digital Multi Meter)이라 한다. 그림 D.2(a), (b)는 아날로그형과 디지털형의 테스터를 나타낸다.

둘 다 공통으로 돌림 선택 스위치가 있고, ON/OFF와 DC V, DC mA, AC V, Ω 등의 레인지(range)에 의해 DC 및 AC 전압, DC 전류, 저항 등을 선택할 수 있으며, 아래쪽에 흑색 및 적색 프로브 구멍에 어스(흑색) 및 + 프로브(적색)를 꽂는다. 암페어(A)급의 DC 전류를 측정할 때는 별도의 표시(10 A가 적혀 있는 적색 프로브 구멍)

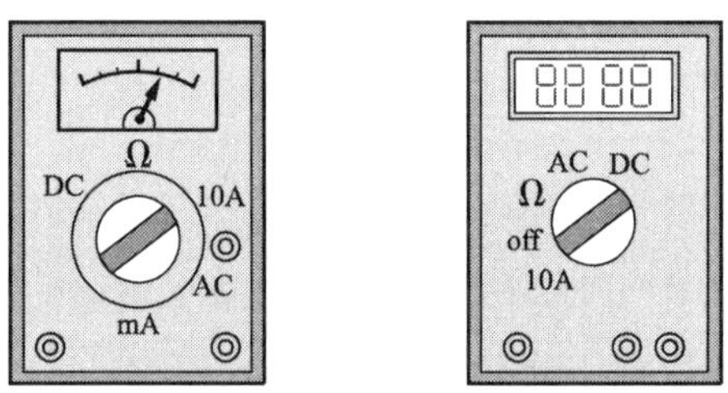

(a) 아날로그형 (b) 디지털형

그림 D.2 테스터

에 + 프로브를 옮겨 꽂는다. 사용 시 주의할 점은 항상 측정 전압이나 전류를 예상하고 해당 레인지에 선택 스위치를 위치시켜야 되며 그 값을 모를 경우에는 값이 큰 레인지에 위치시킨 뒤 레인지를 좁혀 나간다. 특히 아날로그 테스터인 경우에 낮은 저항이나 큰 전류 측정 시에는 전류가 많이 흐르므로 오랫동안 연결하면 건전지 소모가 빠르고 잘못으로 규격 이상의 DC 전류를 흘린다거나 AC 전압을 연결하면 퓨즈가 나가거나 기기의 손상을 초래하니 유의할 필요가 있다.

(3) 정현파 신호발생기

보통 신호발생기에는 주파수 레인지 선택 스위치와 감쇠기 VR(가변저항)이 있으므로 실험에 알맞은 주파수 레인지와 전압레벨에 맞춰서 사용한다. 종류가 여러 형태이므로 그림은 생략한다.

(4) 오실로스코프

최근에는 성능이 좋고 휴대가 편한 디지털 오실로스코프가 등장해 있으나 원리를 익히는 데는 아날로그형이 보편성이 있으므로 이로 설명하기로 한다. 그림 D.3은 간단히 나타낸 아날로그 오실로스코프의 외형이다. 파형을 관측하는 스크린과 측정 프로브를 연결하는 프로브 구멍 및 각종 조정 노브(knob)들이 있다.

① 먼저 ON/OFF 스위치를 켠다.
② 만일 스크린(화면)에 빔(beam) 선이 나타나지 않으면 intensity와 수직 및 수평 위치조정 노브를 조절하여 화면의 중앙선에 나타나게 한다.
③ 빔 선이 선명하지 않으면 focus노브로 조정한다.
④ AC/DC/GND로 측정하고자 하는 해당 전압을 선택하며 GND는 어스전압(기준 전압)을 맞출 시 사용한다.

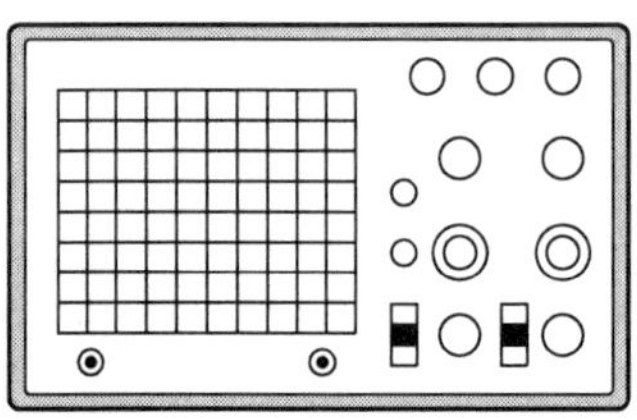

그림 D.3 오실로스코프

⑤ 해당 채널(ch1, ch2)을 선택한다. 만일 입력 및 출력전압을 동시에 관측하고자 한다면 듀얼(Dual) 위치에 놓으면 ch1을 입력, ch2를 출력전압용으로 사용할 수 있으며 오실로스코프의 프로브를 해당 프로브 구멍에 꽂는다.

⑥ volts/div과 time/div 노브를 돌려서 측정 전압레벨과 주파수에 맞게 놓는다. 예컨대 전압레벨이 100 mV~500 mV(0.1~0.5 V)라면 volts/div을 0.1 V 위치에, 주파수가 1 kHz~5 kHz라면 time/div을 ms 위치에 놓는다.

⑦ 만일 파형이 흔들리고 동기가 잡히지 않으면 trig 노브를 사용하여 동기(sync)를 잡는다.

⑧ 화면의 파형관찰뿐만 아니라 전압레벨과 주파수를 측정하는 경우에 예컨대 정현파 신호파형이 그림 D.4와 같이 나타났다면 한 칸에 한 사이클이 나타나면 한 칸이 1 ms이고 4칸이므로 4 ms, 따라서 주파수는 $1/(4\times10^{-3}) = 250\ \text{Hz}$이다. 또한 전압레벨은 기준 축(중앙선)에서 위아래로 4칸이므로 $4\times(2\ \text{V}) = 8\ \text{V}$, 따라서 전압은 피크-투-피크 값이 $2\times8\ \text{V} = 16\ V_{p-p}$이다.

[참고] 주파수 = 1/주기.

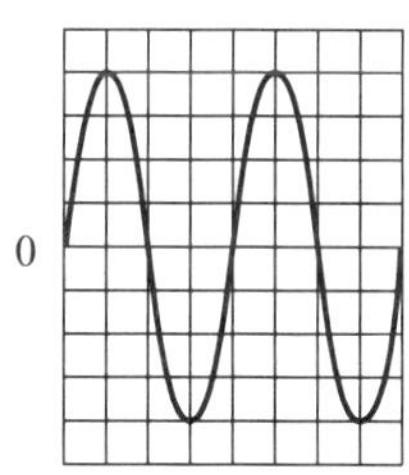

그림 D.4 전압 및 주파수 측정

E 전기 기호와 단위

전기회로에 사용되는 각종 기호와 단위는 표 E.1과 같다.

표 E.1

구 분	기 호	SI단위	구 분	기 호	SI단위
전류	I	A : Ampere	인덕턴스	L	H : Henry
전압	V	V : Volt	전하량	Q	C : Coulomb
저항	R	Ω : Ohm	정전용량	C	F : Farad
전력	P	W : Watt	주기	T	s : second
어드미턴스	Y	S : Simence	주파수	f	Hz : Hertz

일반적으로 전기 단위는 아주 큰 경우와 아주 작은 경우가 있으므로 단위 앞에 아래의 표 E.2와 같은 약자를 붙여 그 크기를 나타낸다.

표 E.2

k(킬로)	M(메가)	G(기가)	m(밀리)	μ(마이크로)	n(나노)	p(피코)
10^3	10^6	10^9	10^{-3}	10^{-6}	10^{-9}	10^{-12}

[계산 예 1] $2\,\text{k}\Omega \times 3\,\text{mA} = 2\times10^3\times3\times10^{-3} = 6\,\text{V}$, $\dfrac{20\,\text{mV}}{5\,\text{k}\Omega} = \dfrac{20}{5}\times\dfrac{10^{-3}}{10^3} = 4\times10^{-3}\times10^{-3}$

$= 4\times10^{-6} = 4\,\mu\text{A}$

[계산 예 2] $\dfrac{1}{2\pi\times1\,\text{k}\Omega\times5\,\mu\text{F}} = \dfrac{1}{2\times3.14\times(1\times10^3)\times(5\times10^{-6})} = \dfrac{1}{31.4\times10^3\times10^{-6}} = \dfrac{1000}{31.4} \fallingdotseq 31.85$

F 안전 유의사항

(1) 항상 회로연결과 점검을 마친 뒤 전원 스위치를 켠다.

(2) DC 또는 AC 전압은 어스와 단락(short)되는 일이 없도록 유의해야 한다.

(3) 과전류가 흘러 부품이 검게 타거나 연기가 나면 즉시 전원을 제거한다.

(4) AC220 V의 전원이 인체에 직접 접촉되는 일이 없도록 안전에 최선을 기울인다.

학습 개요

<table>
<tr><td rowspan="2">NCS 분류 번호</td><td>대 분 류</td><td>중 분 류</td></tr>
<tr><td>19</td><td>01, 02, 03, 04</td></tr>
<tr><td>교과목 명</td><td colspan="2">NCS 기반의 전기·전자 기초 회로 실험</td></tr>
<tr><td>총 소요 시간</td><td colspan="2">총 32시간 <주> 과제당 2시간 : 16과제</td></tr>
<tr><td>학습 내용</td><td colspan="2">- 전기 기초용어 및 정의
- 전기 기초원리 및 법칙
- 직류 및 교류회로의 특성
- 직류전력 및 교류전력</td></tr>
<tr><td>학습 목표</td><td colspan="2">- 산업현장에서 필요한 기초지식 및 원리를 작업과 연계시켜서 산업현장의 해당직무능력을 익힌다.
- 작업의 신속성과 정확성을 확보한다.
- 해당직무의 응용성과 융통성을 배운다.</td></tr>
<tr><td>적용분야</td><td colspan="2">전기, 전자, 통신, 전기 및 전자제어</td></tr>
<tr><td>적용 대상자 학력레벨</td><td colspan="2">- 직업훈련기관, 폴리텍대학, 전문대학, 4년제 대학 재학생
- 현장 적응훈련 또는 재교육생
- 전업 교육생</td></tr>
</table>

학습과제

1

저항의 직렬 및 병렬연결회로

학습 개요

학습 과제 명	저항의 직렬 및 병렬연결회로
학습 목표	- 전압, 전류, 저항의 개념을 이해한다. - 기초적인 전기회로의 구성 원리를 이해한다. - 저항의 직렬연결 및 병렬연결에 따른 전압 및 전류의 변화를 관측하여 전압분할과 전류분할의 이치를 깨우친다.
현장 적용 예	- 설계 및 시공 과정에서 전원, 전선, 부하 등의 규격 선정 시 안전성 확보 - 작업과정에서 발생하는 누전이나 화재에 대한 예방지식 확보
수행 준비물	- 필기도구 - 수행 결과 기록지
소요 시간	90분~120분
수행 시 유의사항	- 수행에 사용할 부품의 규격에 착오가 없는지 확인한다. - 반드시 준비 작업이나 회로구성이 끝난 뒤 전원을 넣는다(켠다). - 조 단위로 수행 시에는 상호 착오가 없는지 교차 점검한다. - 기기의 사용은 사용법을 숙지한 상태에서 행한다. - 수행 완료 후 부품 및 기기는 제 위치에 철저히 정리해 놓는다.

1 필요지식

1.1 직류전원

건전지나 직류 안정화 전원장치는 이상적인 경우를 제외하고는 내부저항을 갖고 있으므로 아래의 그림 1.1과 같이 부하(램프)를 연결할 경우의 전압이 연결하지 않은 경우보다 약간 작게 나타나며, 아주 큰 전류를 흘릴수록 그 전압의 오차는 더욱 커진다.

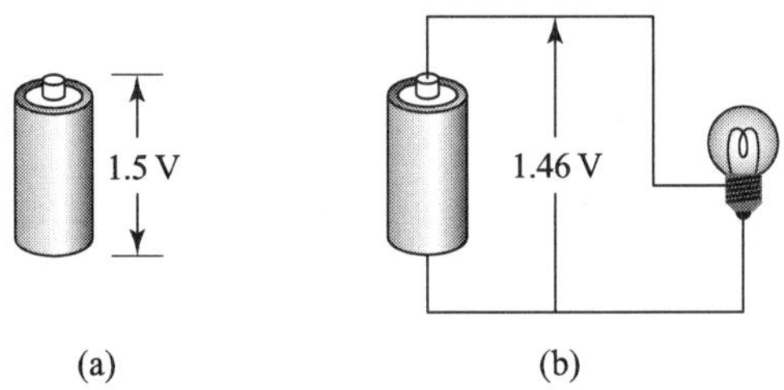

그림 1.1 전압오차

1.2 직류전류

그림 1.2와 같이 2개의 직류전압이 다른 전원에 저항을 연결할 때 높은 전압 원(전원)에서 낮은 전압 원 쪽으로 직류전류가 흐른다.

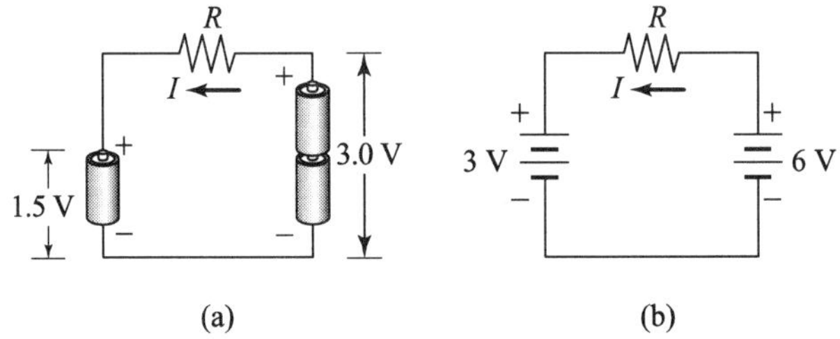

그림 1.2 전류

직류전류의 측정은 그림 1.3과 같이 저항 한 쪽과 전원 사이를 끊은 뒤 저항 한 쪽의 +극 또는 −극 사이에 전류계(테스터)를 연결하여 값을 읽는다.

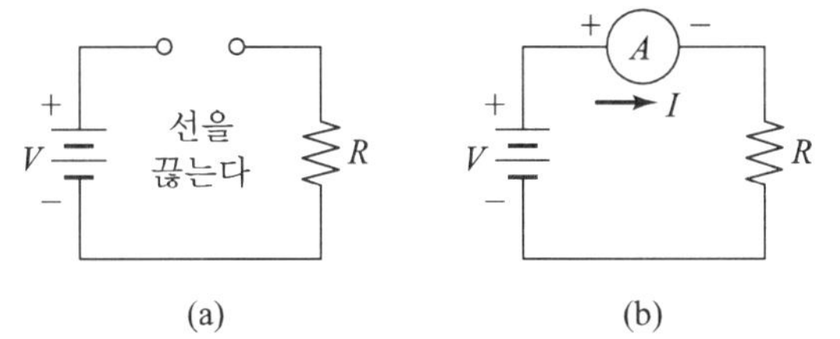

그림 1.3 전류 측정

1.3 전압강하(voltage drop)

그림 1.4에서 저항에 전류가 흐르면 저항 양단에 걸리는 전압을 전압강하라 하며, 이들 전압강하는 공급전압의 극성과 그림 1.4(b)와 같이 반대극성이다.

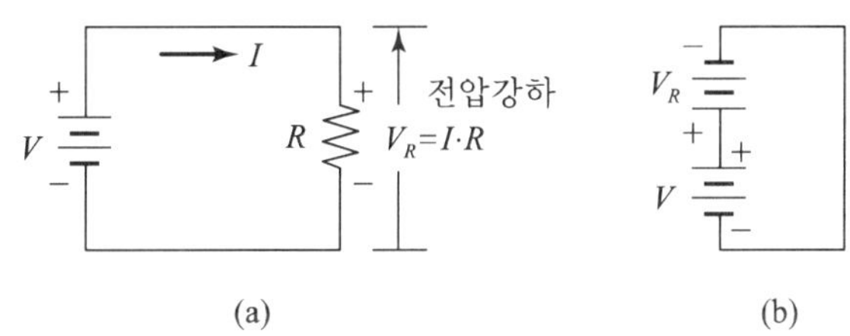

그림 1.4 전압강하

1.4 저항의 직렬연결 및 전압분할

그림 1.5와 같이 전압 V에서 저항 R_1에 저항 R_2를 직렬로 연결하면 저항 R_1만 있을 때보다 전류는 적게 흐르게 되며, 저항 R_1과 저항 R_2에 걸리는 전압의 크기는 저항값에 비례한 만큼 가해진 전체전압의 크기로 나누어져 걸린다.

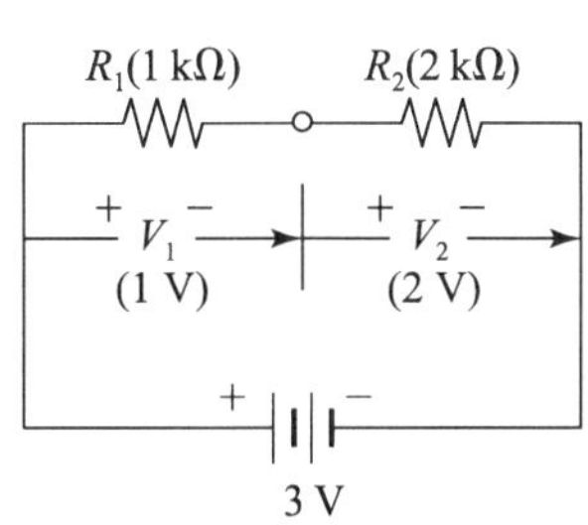

그림 1.5 저항의 직렬연결

예컨대 그림 1.5에서 공급전압이 3 V이고 괄호 속의 값과 $R_1 = 1\,\mathrm{k\Omega}$, $R_2 = 2\,\mathrm{k\Omega}$이면 저항 R_1에 1 V, 저항 R_2에 2 V가 걸리게 되며 이를 전압분할이라 한다. 일반적인 분할 전압의 식은 아래와 같다.

$$R_1\text{에 걸린 전압 : } V_1 = \frac{R_1}{R_1 + R_2} \times V \tag{1.1a}$$

$$R_2\text{에 걸린 전압 : } V_2 = \frac{R_2}{R_1 + R_2} \times V \tag{1.1b}$$

1.5 저항의 병렬연결 및 전류분할

그림 1.6과 같이 R_1, R_2 2개의 저항을 병렬로 연결하면 R_1 1개만 있을 때보다 전류가 더 많이 흐르게 된다. 이것은 R_2 쪽으로 전류가 추가해서 더 흐르기 때문이며 전압과 저항이 그림 1.6의 괄호 속의 값과 같다면 R_1 쪽에 흐르는 전류 $I_1 = 2\,\mathrm{mA}$, R_2 쪽에 흐르는 전류 $I_2 = 1\,\mathrm{mA}$가 된다.

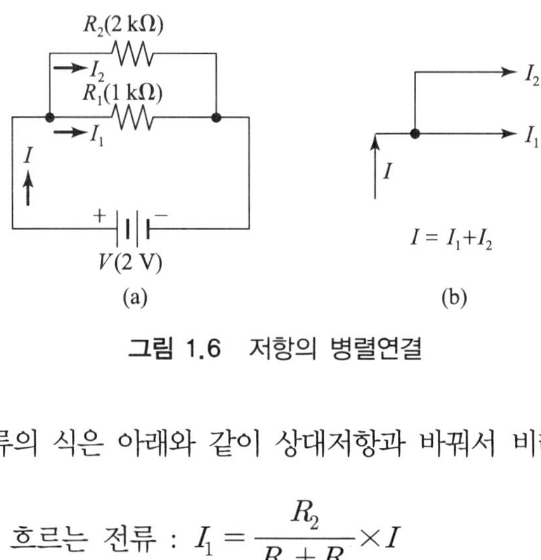

그림 1.6 저항의 병렬연결

일반적인 분할 전류의 식은 아래와 같이 상대저항과 바꿔서 비례 분배된다.

$$R_1\text{에 흐르는 전류 : } I_1 = \frac{R_2}{R_1 + R_2} \times I \tag{1.2a}$$

$$R_2\text{에 흐르는 전류 : } I_2 = \frac{R_1}{R_1 + R_2} \times I \tag{1.2b}$$

참고로 그림 1.6에서 전체전류 I는 다음 식에서 구한다.

$$I = \frac{V}{R_1//R_2} = \frac{(R_1 + R_2)\,V}{R_1 R_2} \tag{1.3}$$

2 소요 기기 및 재료

구 분	명 칭	규 격	수 량
소요 기기	1. 직류 안정화 전원장치	0~30 V, 1 A	1
	2. 테스터	아날로그(VOM) 또는 디지털(DMM)	1
	3. 브레드 보드 또는 전용 실습장치(Trainer)	82×55 mm 이상	1
소요 재료	1. 저항	100 Ω, 1/4 W 150 Ω, "	1 1
	2. 가변저항	1 kΩ 또는 5 kΩ PCB형	1
	3. 단심 연결선	0.6 Φ, 3~5 cm	4~6

3 과제 수행 순서

1. 그림 1.7과 같이 직류전원과 저항으로 회로를 구성하여 전류 I를 측정하여 기록하시오. (* 브레드 보드 사용 시에 그림 1.8 참조)

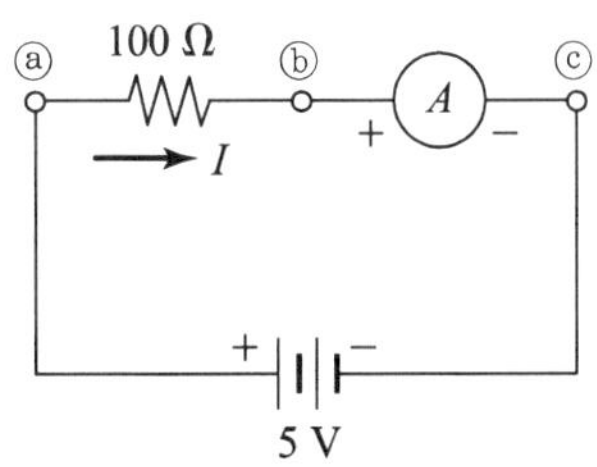

그림 1.7 전류 측정

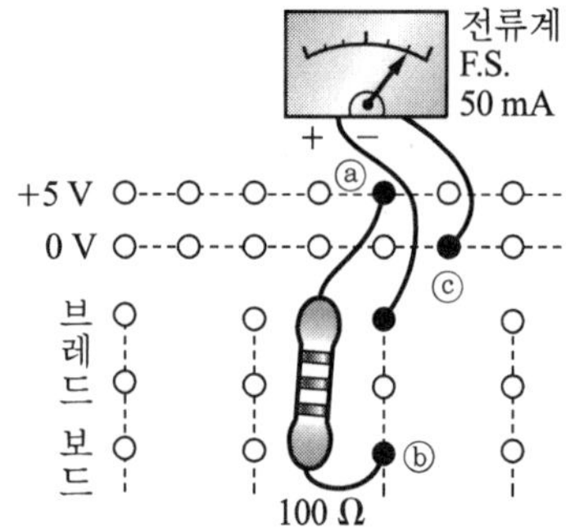

그림 1.8 브레드 보드 연결

측정 전류 I=(　　　　)

2. 그림 1.9와 같이 저항 R_1과 직렬로 저항 R_2를 연결한 회로를 구성하여 R_1에서의 전압 V_1과 R_2에서의 전압 V_2를 측정하시오.

[주] 전압계 1개로 측정 시 V_1 먼저 측정 후 V_2 측정. (* 브레드 보드 사용 시에 그림 1.10 참조)

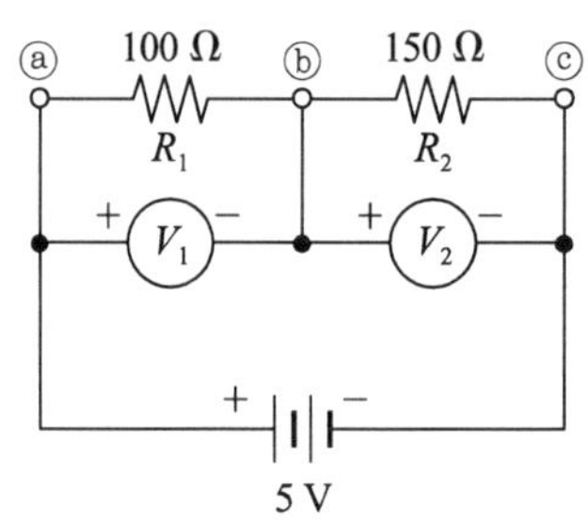

그림 1.9 직렬연결 회로

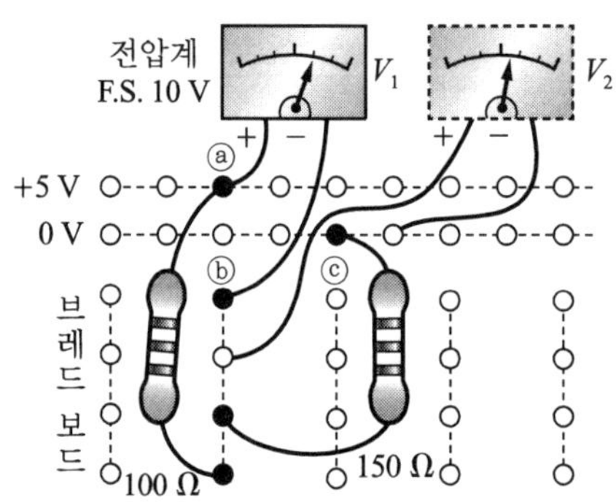

그림 1.10 브레드 보드 연결

측정 V_1=(　　　　), 측정 V_2=(　　　　)

3. 그림 1.11(a)와 같이 2개의 저항을 병렬로 연결한 회로에서 회로전류 I를 측정한 뒤 그림 1.11(b)와 같이 R_1, R_2에 흐르는 전류 I_1, I_2를 측정하시오. (* 브레드 보드 사용 시에 그림 1.12 참조)

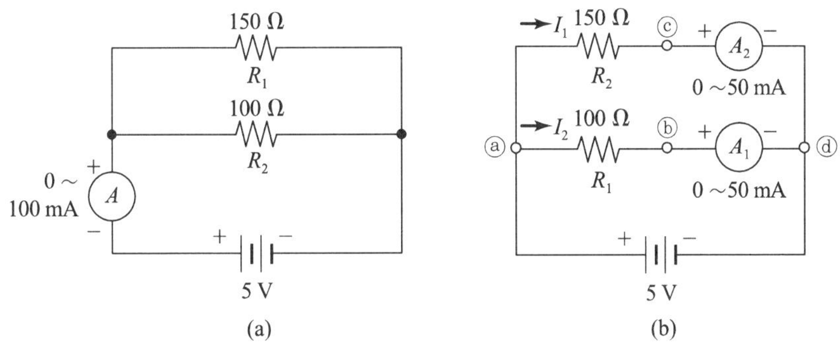

그림 1.11 병렬연결 회로

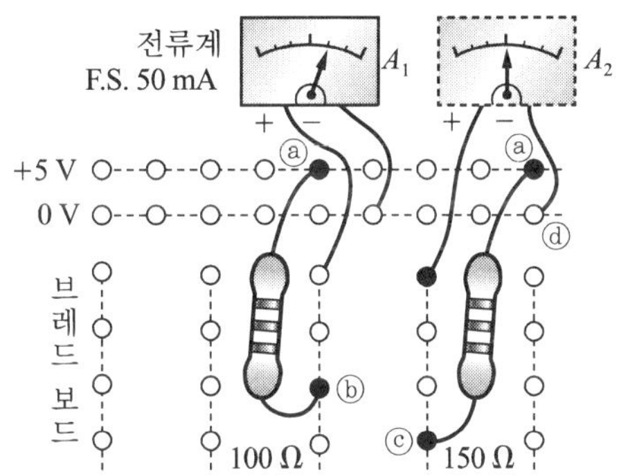

그림 1.12 브레드 보드 연결(I_1, I_2 측정)

측정 I=(　　　　), I_1=(　　　　), I_2=(　　　　)

4. 그림 1.13과 같이 가변저항 VR을 조정하여 ⓑ, ⓒ 간의 전압 V_1의 값이 3 V가 되는 R_1값을 측정하여 적으시오.

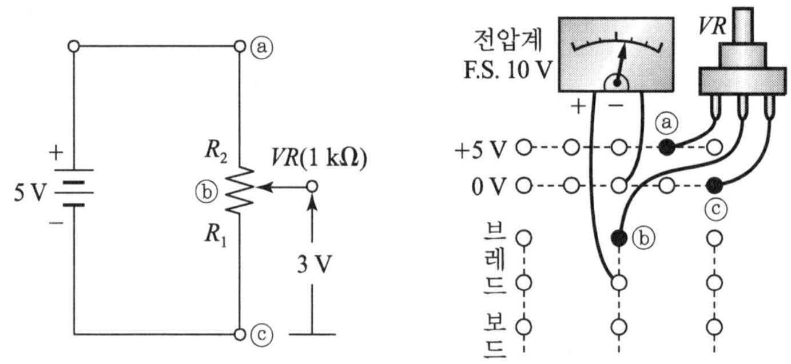

그림 1.13 *VR*에 의한 전압분할

측정 R_1=(   )

수행 보고서

과제 1	저항의 직렬 및 병렬연결회로	학번 :	성명 :

1. 수행 1~수행 4의 결과를 아래에 기재하시오.

수행 1	수행 2	수행 3	수행 4
I=(　　)mA	V_1=(　　)V, V_2=(　　)V	I=(　　)mA, I_1=(　　)mA, I_2=(　　)mA	R_1=(　　)Ω

2. 수행 1로부터 전류의 발생에 필요한 두 가지 요소는 무엇이라고 생각하는지를 적으시오.

✂ (절취선)

3. 수행 2에서 공급전압과 전압강하의 합이 같은가를 수행 결과로 증명해 보시오.

4. 수행 4의 결과를 적고, 전압 9 V를 3 V, 6 V, 9 V로 분할하는 회로를 구성해서 나타내어 보시오.

   R_1 =(　　　　Ω)

5. 그림 1.14와 같은 회로에서 R_1, R_2, R_3회로에 각각 40 mA, 60 mA, 120 mA가 흐르게 하자면 R_1, R_2의 값을 얼마로 정해야 되는지 적으시오. 단, R_3 = 50 Ω

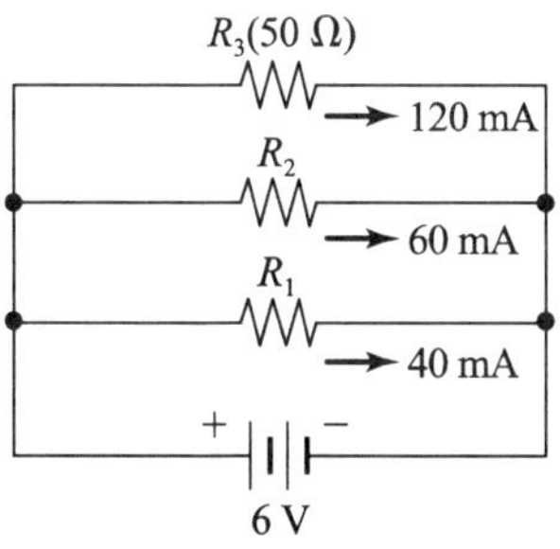

그림 1.14　분류저항

$R_1 = ($ $\Omega)$, $R_2 = ($ $\Omega)$

6. 저항을 직렬로 연결할 때 전류의 변화에 대해 기술하고, 추가 직렬연결 시의 합성 저항이 더 커지는지 아니면 작아지는지를 적으시오.

7. 저항을 병렬로 연결할 때 전체 회로전류의 변화에 대해서 기술하고, 추가 병렬연결 시의 합성저항이 더 커지는지 아니면 작아지는지를 적으시오.

8. 위의 4에서 구성한 직렬저항회로에서 전압을 V, 저항을 R_1, R_2, R_3이라 할 때 전압분할의 일반식을 나타내어 보시오.

$V_1 =$ $V_2 =$ $V_3 =$

9. 가정에서 사용되는 전기의 연결에서 전류분할의 예를 들어 보시오.

10. 본 수행에서 터득한 지식을 간추려 적어 보시오.

자기 평가서

과제 1	저항의 직렬 및 병렬연결회로	학번 :	성명 :

순번	학습내용	확실하게 이해	보통 이해	이해 미흡
1	전압, 저항으로 구성된 회로의 구성 능력(회로 연결 능력)			
2	전압, 전류의 측정 능력			
3	전류 흐름의 근원에 대한 이해			
4	전압과 저항 연결회로에 직렬로 저항을 추가할 때 회로전류의 변화에 대한 지식			
5	전압과 저항 연결회로에 병렬로 저항을 추가할 때 회로전류의 변화에 대한 지식			
6	전압분할의 원리			
7	전류분할의 원리			
8	실생활과 연계된 내용 한 가지			
9	과제 수행 후 만족감(○표)	상	중	하

종합 소견 평 :

* 학생이 과제 수행을 마치고 학습내용에 대한 본인의 이해도를 스스로 평가함.

(절취선)

수행 평가서

과제 1	저항의 직렬 및 병렬연결회로	학번 :	성명 :

내 용	반영률	A (아주 우수) 29/19/10	B (우수) 26/17/9	C (보통) 23/15/8	D (다소 부족) 19/13/7	E (아주 부족) 15/10/5	점수
수행 보고서 평가	30 %						
자기평가와 수행평가의 일치성	20 %						
추가 지식 표현력 (수행 보고서 2, 3, 8항)	10 %						
지식 응용력 (수행 보고서 4, 5, 9항)	10 %						
지식 연계능력 (자기평가 8항)	10 %						
학습태도	20 %						
합 계							

종합 평가 :

* 지도교수의 평가서로 학생 평가, 피드백 및 차후 과제 진행에 참고자료로 활용.

** A, B, C, D 밑의 a/b/c는 반영률 30 %(a), 20 %(b), 10 %(c)의 백분율 점수.

평가 방법 및 조치

1. 자기평가와 수행평가의 일치성은 측정 데이터의 정확성과 수행 보고서를 근거로 판정.
2. 수행 보고서는 측정 데이터의 정확성을 위주로 평가.
3. 학습태도는 협동력, 집중도, 수행 자세, 정리 정돈을 중점적으로 관찰 평가.
4. 평가점수가 60점 미만이면 피드백 대상이며 부족한 부분에 대해서 보충교육 수행.

(절취선)

학습과제

2

옴의 법칙

학습 개요

학습 과제 명	옴의 법칙
학습 목표	- 전압, 전류, 저항 간의 상호 관계를 실험을 통해서 이해한다. - 옴의 법칙의 원리를 이해한다. - 우리 주변에서 전기와 관련된 곳에 옴의 법칙이 적용된 예를 익힌다.
현장 적용 예	- 전류가 발생하는 모든 회로 - 전기설계, 전기공사, 전기설비 유지보수, 전기안전
수행 준비물	- 필기도구 - 계산기 - 수행 결과 기록지
소요 시간	100분~120분
수행 시 유의사항	- 수행에 사용할 부품의 규격에 착오가 없는지 확인한다. - 반드시 준비 작업이나 회로구성이 끝난 뒤 전원을 넣는다(켠다). - 조 단위로 수행 시에는 상호 착오가 없는지 교차 점검한다. - 기기의 사용은 사용법을 숙지한 상태에서 행한다. - 수행 완료 후 부품 및 기기는 제 위치에 철저히 정리해 놓는다.

1 필요지식

2.1 전류와 저항

이미 학습과제 1을 통해서 같은 전압에서 저항을 직렬로 연결할 때, 저항이 증가하면 전류가 감소하고, 저항을 병렬로 연결하면 즉, 저항이 감소하면 전류가 증가함을 인식하였다. 그림 2.1(a)의 도체보다 그림 2.1(b)와 같이 그 길이가 2배 크면 저항이 2배로 증가하고, 그림 2.1(c)와 같이 길이는 같지만 두께가 2배 큰 도체는 저항이 1/2로 감소한다. 마찬가지로 저항을 2개 직렬로 연결하면 저항이 2배 커지고, 2개 병렬로 연결하면 저항이 반으로 줄어드는 실험과 같은 원리이다.

다시 한 번 저항과 전류의 관계를 정리하면 전류의 크기는 저항의 크기에 반비례한다.

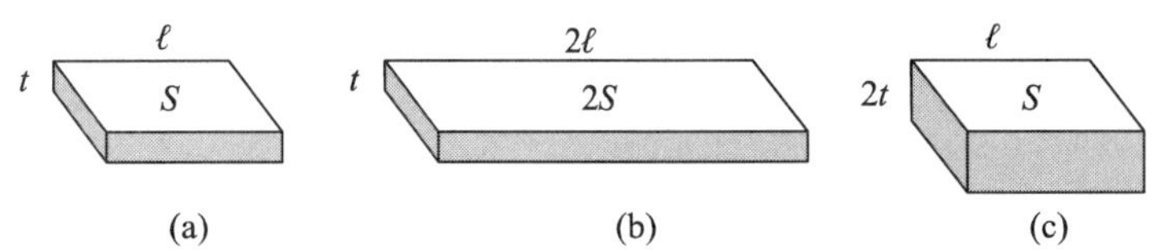

그림 2.1 저항의 크기

2.2 전압과 전류

우리의 일상생활에서 경험하는 일이지만 건전지를 사용하는 기기에서 전압이 떨어지면 성능이 저하되는 일을 많이 겪는다. 예컨대 건전지로 동작하는 손전등이 오래되어 건전지의 전압이 떨어지면 램프의 밝기가 어두워짐을 경험한다. 이것은 전류가 적게 흐른다는 의미이다. 자동차 또한 배터리가 아주 약해지면 전류를 충분히 흘리지 못하므로 시동이 걸리지 않는다. 휴대폰 또한 내부 건전지가 약해지면 성능이 떨어지므로 제대로 작동하지 못한다. 이와 같이 부하가 일정할 때 즉, 저항이 일정할 때 전류의 크기는 전압의 크기에 비례한다.

2.3 전압과 저항

앞의 학습과제 1에서 저항 2개를 직렬로 연결한 회로에서 저항이 큰 쪽에 전압이 많이 걸리는 것을 확인하였고 걸리는 전압 즉, 저항에서의 전압강하는 저항 값에 전류를 곱한 값이라는 것을 알았다. 따라서 일정 전류가 흐를 때 저항의 크기에 비례해서 전압강하가 커지며 전압강하는 전류 × 저항이다.

2.4 옴의 법칙

위의 2.1~2.3을 정리하여 전압, 전류, 저항 간의 관계식을 정리해보기로 한다. 2.1, 2.2로부터 전류 I는 저항 R의 크기에 반비례하고 전압 V에 비례하므로 아래의 관계식을 얻는다.

$$I = \frac{V}{R} \tag{2.1}$$

다음에 2.3으로부터 저항에서의 '전압강하 V는 전류 I와 저항 R을 곱한 값이다.'에서 아래의 관계식을 얻는다.

$$V = IR \tag{2.2}$$

또한 식 (2.1), 식 (2.2)로부터 '저항 R은 전류 I에 역비례하고 전압 V에 비례한다.'는 식을 얻을 수 있다.

$$R = \frac{V}{I} \tag{2.3}$$

우리는 위의 세 가지 식을 옴의 법칙에 관한 식으로 설명한다. 일반적으로 식 (2.1)을 대표적인 옴의 법칙에 관한 식으로 말하는 경우가 많다.

2.5 전압강하의 활용

우리 주변에는 옴의 법칙에 의한 전압강하를 이용하는 예가 아주 많다. 그 중에 한 가지로 사용전압이 2 V 전후인 LED램프가 있으며, 보통 회로전압이 DC 5 V인 표시등으로 사용하는 경우가 많다. 따라서 3 V 정도의 전압강하를 통해서 LED에 2 V가 걸리도록 해야 하므로 그림 2.2와 같이 사용한다.

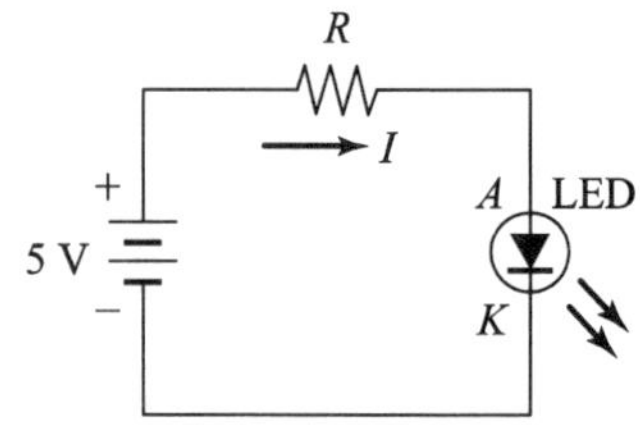

그림 2.2 LED 회로

이때 직렬로 연결하는 저항 R을 전류제한 저항이라고도 하며 그 크기에 따라 밝기가 조정되므로 어두운 곳에서는 약간 전류를 덜 흘려도 되지만 밝은 곳에서는 전류를 좀 더 많이 흘려야 된다. 따라서 전자의 경우는 저항 값을 크게, 후자의 경우는 저항 값을 다소 작게 선정한다. 전압 5 V에서의 전류제한 저항을 계산하는 식은 아래와 같다.

$$R = \frac{5-2}{I} = \frac{3}{I}\ [\Omega] \tag{2.4}$$

일반적으로 어두운 곳에서는 10 mA 이하로, 밝은 곳에서는 20 mA 이상으로, 그 중간은 15 mA 정도로 선정한다. 따라서 이러한 경우에는 식 (2.4)에 의해 구하면 저항 값은 300 Ω, 200 Ω, 150 Ω이다. 또한 트랜지스터, 다이리스터 등 아날로그 능동소자와 논리 게이트, 마이크로프로세서 등 디지털 회로가 혼용되는 전기/전자제어 회로에서는 높은 전원전압 하나로 낮은 전압을 만들어 사용하는 경우가 많다. 그 예가 그림 2.3이다.

그림 2.3의 경우에 R의 값은 아래의 식에 의해 구하며 이때의 전압강하는 IR이다.

$$R = \frac{18-5}{I} = \frac{13}{I}\ [\Omega] \tag{2.5}$$

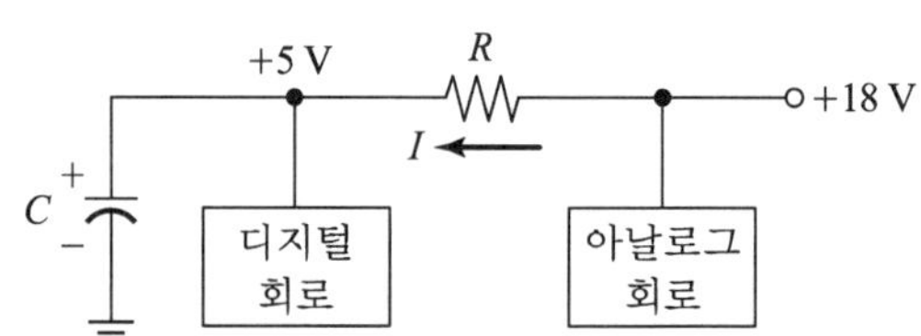

그림 2.3 2 전원 회로 예

디지털 회로의 평균 DC전류를 I로 대입한다. 커패시터 C는 R과 함께 RC필터회로를 구성하며 전원에 흘러들어오는 교류전압 성분의 리플(ripple)이나 디지털 전류의 변화에 대한 필터링 역할을 하며 디커플링 회로라고도 말한다. 보통 10~100 μF의 전해 커패시터를 많이 사용하지만 낮은 주파수의 리플이 심할 경우에는 100~1,000 μF를 사용하기도 한다.

2.6 전압강하 측정에 의한 전류계산

학습과제 1의 직렬 또는 병렬 저항회로에서 회로를 끊고 전류를 측정하였지만 옴의 법칙을 활용하면 그림 2.4와 같이 저항에서의 전압강하를 측정하여 $I = V/R$에 의해 선을 끊지 않고서도 전류를 계산할 수 있다.

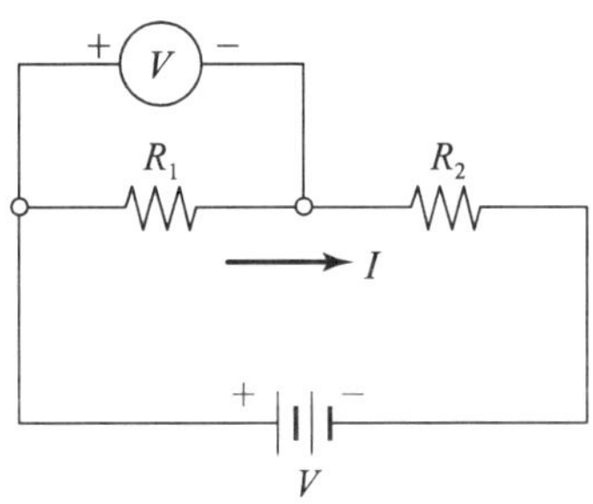

그림 2.4 전압강하 측정

2 소요 기기 및 재료

구 분	명 칭	규 격	수 량
소요 기기	1. 직류 안정화 전원장치	0~30 V, 1 A	1
	2. 테스터	아날로그(VOM) 또는 디지털(DMM)	1
	3. 브레드 보드 또는 전용 실습장치(Trainer)	82×55 mm 이상	1
소요 재료	1. 저항	56 Ω, 1/4 W 100 Ω, " 150 Ω, " 180 Ω, " 220 Ω, "	1 1 1 1 1
	2. 가변저항	1 kΩ, PCB형	1
	3. LED	5 Φ, 적색	1
	4. 단심 연결선	0.6 Φ, 3~5 cm	4~6

3 과제 수행 순서

1. 그림 2.5와 같이 DC전원(0~6 V)과 DC 6 V 램프로 회로를 구성하시오.

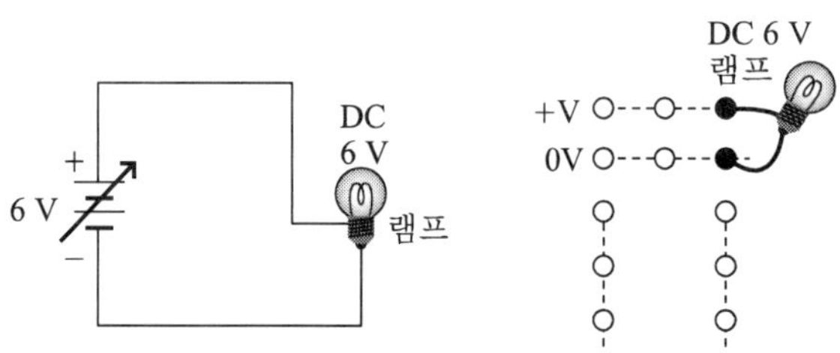

그림 2.5 램프회로

2. DC전원을 2 V, 4 V, 6 V로 변화시켰을 때의 DC램프 밝기를 육안으로 관찰하여 전압에 따른 밝기의 상태를 표 2.1의 해당란에 '밝다', '어둡다', '중간'으로 구분해서 적으시오.

표 2.1

DC 전압(V)	2	4	6
밝기(상태)			

3. 그림 2.6과 같이 전류계가 연결된 저항회로를 구성하시오.

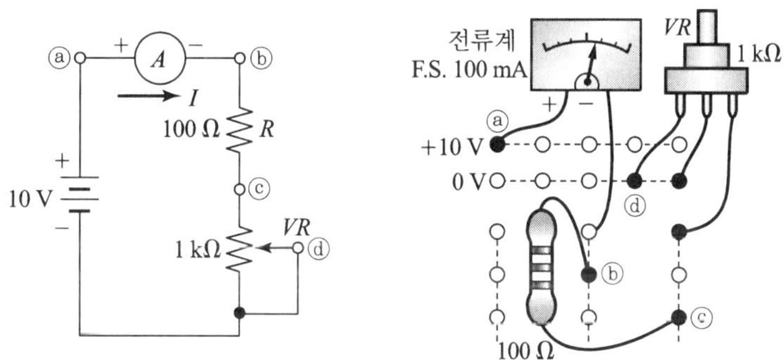

그림 2.6 저항회로

4. 그림 2.6에서 가변저항 *VR*의 위치를 최소, 중앙, 최대로 놓았을 때의 전류를 각각 측정하여 표 2.2에 적으시오. 단, 중간위치의 저항 값은 테스터로 측정해서 기재하고 전류계의 F.S.는 100 mA 위치에 놓는다.

[주] F.S.는 Full Scale의 약자로 미터기의 최대 눈금을 말한다.

표 2.2

VR 위치	최소(전체 $R = 100\,\Omega$)	중간($R =$ Ω)	최대($R = 1.1\,\text{k}\Omega$)
전류 값(mA)			

5. 그림 2.6 회로에서 DC 전압의 크기를 아래와 같이 놓았을 때의 전류를 측정하여 표 2.3에 적으시오. 단, 전류계의 F.S.는 100 mA로 놓는다. 단, *VR* 위치는 최소 (0 Ω) 또는 연결선으로 단락시켜도 됨.

표 2.3

전압의 크기(V)	2	4	6	8	10
전류 값(mA)					

6. 그림 2.6에서 전압을 5 V, 저항을 56 Ω으로 바꾸고 *R* 대신 LED 램프(적색)를 연결하시오(그림 2.7 참조).

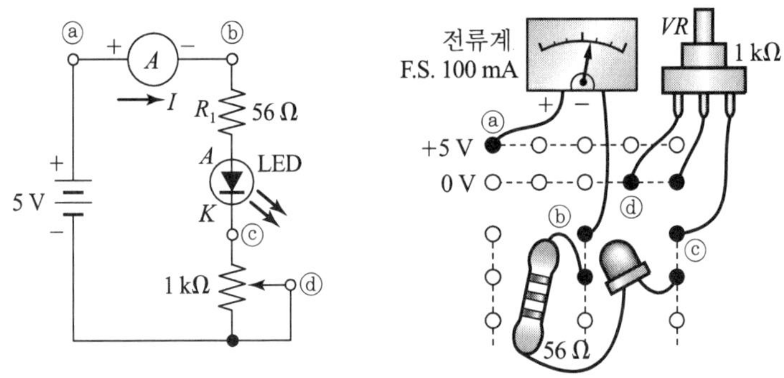

그림 2.7 LED 회로

[참고 1] R_1은 과전류 방지용.

[참고 2] LED는 긴 리드선이 애노드(*A*), 짧은 리드선이 캐소드(*K*)임.

7. 그림 2.7에서 가변저항 *VR*을 조정하여 회로 전류가 10 mA, 15 mA, 30 mA가 될 때의 *VR* 저항 값을 표 2.4에 적으시오. 단, 저항 값은 $R_1 + VR$

표 2.4

전류(mA)	10	15	30
저항 값(Ω)			

8. 그림 2.8과 같이 R_1에 전압계(F.S. 10 V)를 연결하여 R_1에 걸리는 전압을 측정한 뒤 옴의 법칙($I = R/V$)으로 전류를 계산해 적으시오.

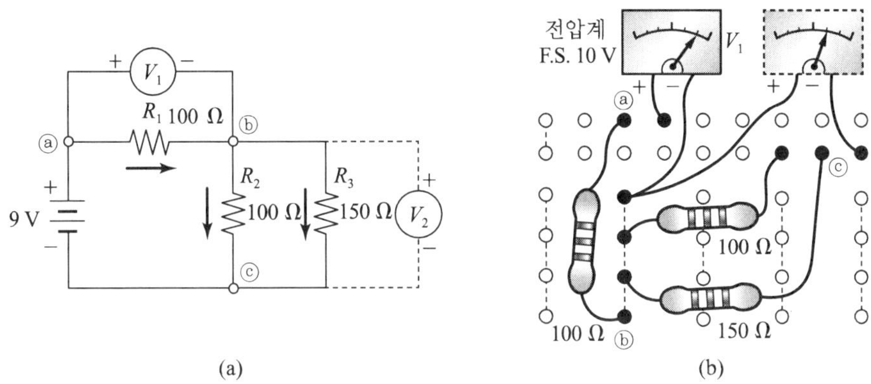

그림 2.8 전압강하에 의한 전류계산 회로

9. 그림 2.8의 ⓑ, ⓒ에 전압계를 옮겨 연결하여 그 전압을 측정한 뒤 옴의 법칙으로 R_2, R_3의 전류를 계산해서 표 2.5에 기입하시오.

표 2.5

저항	R_1	R_2	R_3
전류 계산 값(mA)			

10. 그림 2.9(a)와 같이 회로전압이 9 V인 회로에서 회로전압보다 낮은 DC 5 V의 릴레이를 사용하고자 할 때 9 V 전원과 직렬로 연결해야 할 저항 R의 값을 계산해 적으시오. 단, 코일저항이 220 Ω인 릴레이를 사용한다고 가정.

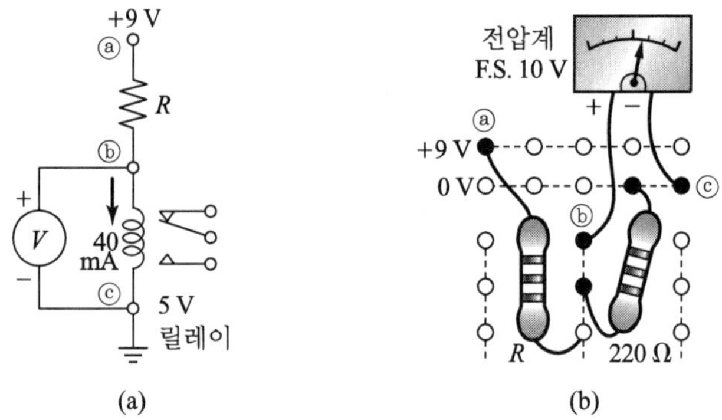

그림 2.9 릴레이 저항

11. 계산한 R에 그림 2.8(b)와 같이 회로를 구성하여 릴레이 양단에 연결된 전압계로 5 V가 걸리는지를 확인해보시오. 단, 회로구성은 릴레이 대신 220 Ω(코일저항) 저항으로 연결.

수행 보고서

과제 2	옴의 법칙	학번 :	성명 :

1. 수행 2, 4, 5, 7, 8, 9, 10의 결과를 적으시오.

표 2.1

DC 전압(V)	2	4	6
밝기(상태)			

표 2.2

VR 위치	최소(전체 $R = 100\ \Omega$)	중간($R =$ Ω)	최대($R = 1.1\ \text{k}\Omega$)
전류 값(mA)			

표 2.3

전압의 크기(V)	2	4	6	8	10
전류 값(mA)					

표 2.4

전류(mA)	10	15	30
저항 값(Ω)			

수행 8 R_1 에서의 전류 : (mA)

(절취선)

표 2.5

저항	R_1	R_2	R_3
전류 계산 값(mA)			

수행 10의 계산 저항 값 : R=(Ω)

2. 수행 2를 통해서 깨달은 전압의 변화와 전류의 관계에 대한 지식을 요약해서 적으시오.

3. 수행 4와 수행 5에서 구한 표 2.2, 표 2.3의 결과를 아래의 방안지에 표시하여 관계식(1차 방정식)을 만들고 비례 또는 역비례계수는 무엇인가를 설명하시오.

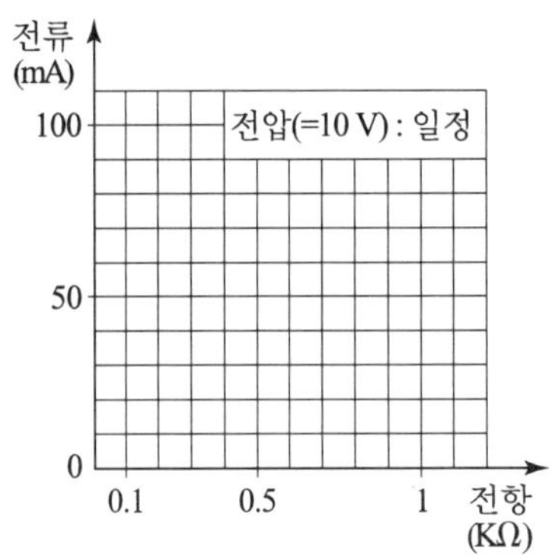

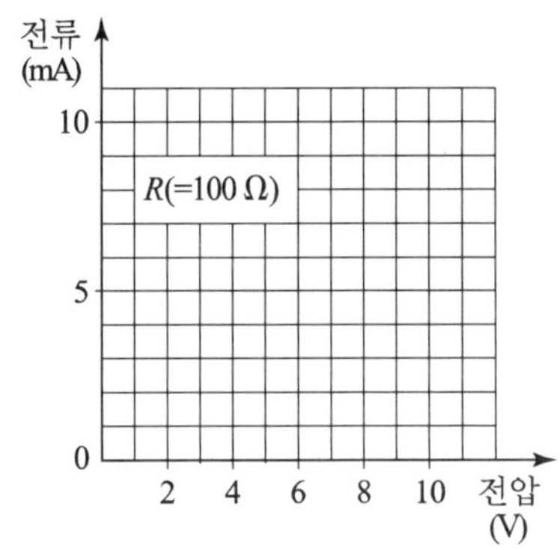

4. 수행 7의 결과로 얻은 지식으로 회로전압이 9 V일 때 LED와 직렬로 연결되는 저항 R을 구하는 일반식을 나타내어 보시오. 단, 밝기는 보통 기준이고, LED의 동작전압은 2 V.

5. 수행 8, 9를 통해서 얻은 지식으로 그림 2.10 회로의 R의 저항 값이 얼마인지를 옴의 법칙에 관한 식으로 구하시오.

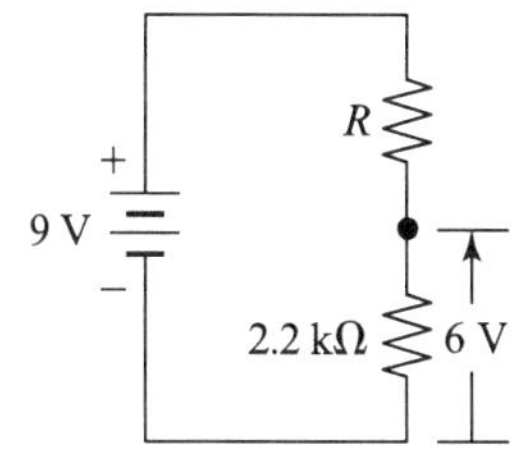

그림 2.10

6. 수행 6의 그림 2.7에서 과전류방지 저항 R_1의 삽입이유에 대해서 설명해 보시오.

7. 그림 2.11과 같이 길이가 300 m인 직선 도체에서 길이 10 m의 DC 저항을 측정해보니 0.1 Ω이었다면 전체 저항 값은 얼마이겠으며 DC 전류 0.2 A를 흘릴 경우에 전체 전압강하는 몇 V인가를 적으시오.

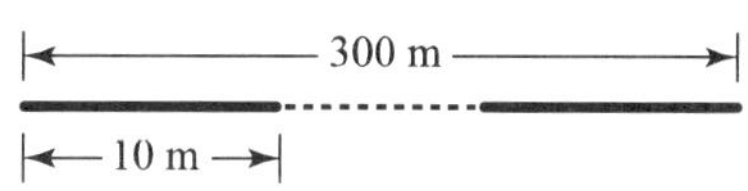

그림 2.11

8. AWG #24 전선의 km당 저항은 84.22 Ω이다. 건물 벽 내에 길게 시공된 2가닥 피복전선이 임의 위치에서 접지되었다고 가정할 때 측정이 가능한 한쪽 끝의 두 가닥 선에 DC 24 V의 전압을 연결했을 때 흐르는 전류가 0.57 A라면 몇 m 길이에서 접지되었는가를 옴의 법칙을 이용해서 구해 적으시오.

9. 자동차의 배터리(축전지)가 방전이 되어서 다른 자동차의 배터리와 연결하여 충전을 하려고 가정에서 많이 사용하는 두 가닥 전선으로 +, −극성을 잘 맞추어 연결하였는데도 충전이 안 되어 시동이 안 걸린다면 그 이유가 어디에 있다고 생각되는지를 적으시오.

10. 그림 2.12와 같이 램프 2개를 직렬로 연결하였을 때 LP_1에 5 V, LP_2에 10 V 전압이 걸렸다면 각각의 저항 R_1, R_2는 얼마이겠는지를 구하여 적으시오. 단, 흐르는 전류는 0.1 A.

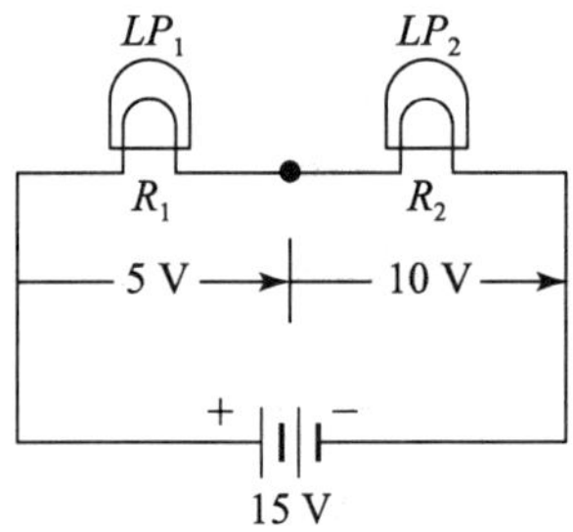

그림 2.12

11. 우리의 실생활에서 옴의 법칙을 적용한 예를 한 가지만 들어 보시오.

자기 평가서

과제 2	옴의 법칙	학번 :	성명 :

순번	학습내용	확실하게 이해	보통 이해	이해 미흡
1	옴의 법칙에 대한 개념(실험 1)			
2	옴의 법칙에 대한 관계식			
3	전압강하에 의한 전류계산			
4	LED 전류제한 저항 값 구하는 법			
5	전선의 길이와 저항			
6	전선의 저항과 전류			
7	과제 수행 후 만족감(○표)	상	중	하

종합 소견 평 :

* 학생이 과제 수행을 마치고 학습내용에 대한 본인의 이해도를 스스로 평가함.

(절취선)

수행 평가서

과제 2	옴의 법칙	학번 :	성명 :

내 용	반영률	A (아주 우수) 29/19/10	B (우수) 26/17/9	C (보통) 23/15/8	D (다소 부족) 19/13/7	E (아주 부족) 15/10/5	점수
수행 결과(표 2.1~2.4)	30 %						
자기평가와 수행평가의 일치성	10 %						
지식 표현능력 (수행 보고서 3, 4, 5항)	10 %						
지식 응용능력 (수행 보고서 7, 10항)	10 %						
지식 연계능력 (수행 보고서 6, 8, 9, 11항)	20 %						
학습태도	20 %						
합 계							

종합 평가 :

* 지도교수의 평가서로 학생 평가, 피드백 및 차후 과제 진행에 참고자료로 활용.

** A, B, C, D 밑의 a/b/c는 반영률 30 %(a), 20 %(b), 10 %(c)의 백분율 점수.

평가 방법 및 조치

1. 자기평가와 수행평가의 일치성은 측정 데이터의 정확성과 수행 보고서를 근거로 판정.
2. 수행 보고서는 측정 데이터의 정확성을 위주로 평가.
3. 학습태도는 협동력, 집중도, 수행 자세, 정리 정돈을 중점적으로 관찰 평가.
4. 평가점수가 60점 미만이면 피드백 대상이며 부족한 부분에 대해서 보충교육 수행.

(절취선)

학습과제

3

전압, 전류분배와 전류계, 전압계

학습 개요

학습 과제 명	전압, 전류분배와 전류계, 전압계
학습 목표	- 전압분배 및 전류분배의 식을 익힌다. - 미터기를 사용한 전류계 및 전압계를 구성해본다. - 테스터의 제작원리를 이해한다.
현장 적용 예	- 전압분배기의 설계 및 제작 - 전기설비의 확충 시 고려사항
수행 준비물	- 필기도구 - 계산기 - 수행 결과 기록지
소요 시간	100~120분
수행 시 유의사항	- 수행에 사용할 부품의 규격에 착오가 없는지 확인한다. - 반드시 준비 작업이나 회로구성이 끝난 뒤 전원을 넣는다(켠다). - 조 단위로 수행 시에는 상호 착오가 없는지 교차 점검한다. - 기기의 사용은 사용법을 숙지한 상태에서 행한다. - 수행 완료 후 부품 및 기기는 제 위치에 철저히 정리해 놓는다.

1 필요지식

3.1 전압분배식

저항의 직렬연결 시 각 저항의 전압은 저항 비(比)로 분배되며 그림 3.1의 경우 아래와 같다.

$$V_1 = \frac{R_1}{R_1 + R_2} \cdot V \tag{3.1a}$$

$$V_2 = \frac{R_2}{R_1 + R_2} \cdot V \tag{3.2b}$$

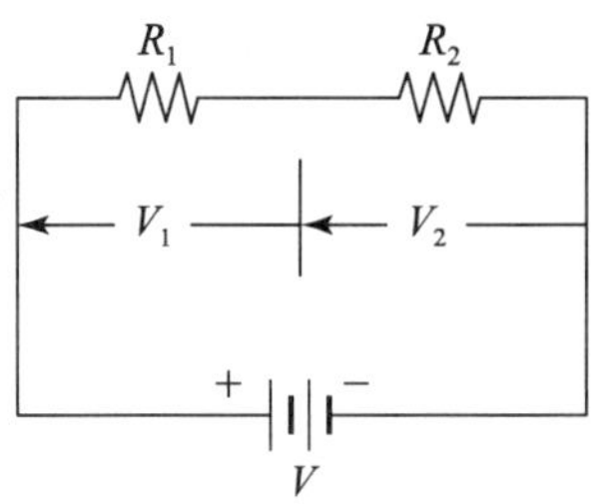

그림 3.1 전압분배

3.2 전류분배식

그림 3.2와 같은 저항의 병렬연결 회로에서 각 저항에 흐르는 전류는 아래와 같이 분배된다.

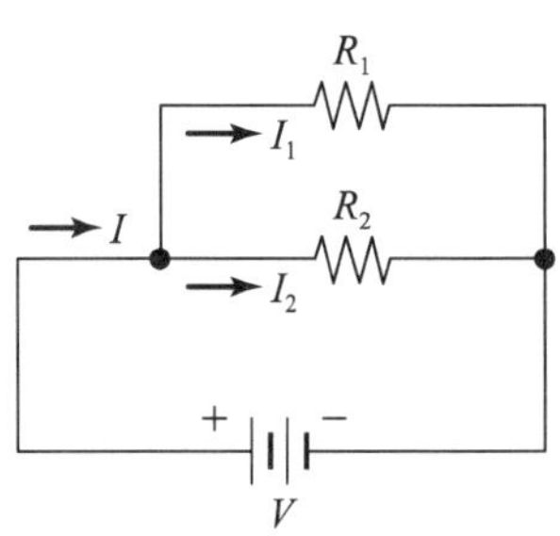

그림 3.2 전류분배

$$I_1 = \frac{R_2}{R_1 + R_2} \cdot I \tag{3.2a}$$

$$I_2 = \frac{R_1}{R_1 + R_2} \cdot I \tag{3.2b}$$

3.3 미터기의 전압 확대

그림 3.3(a)와 같은 미터기에서 매겨진 최대 눈금(Full Scale : F.S.)을 n배 확대하고자 할 때는 미터기의 내부저항 r보다 $(n-1)$배 큰 저항 r_m을 그림 3.3(b)과 같이 직렬로 연결하면 된다.

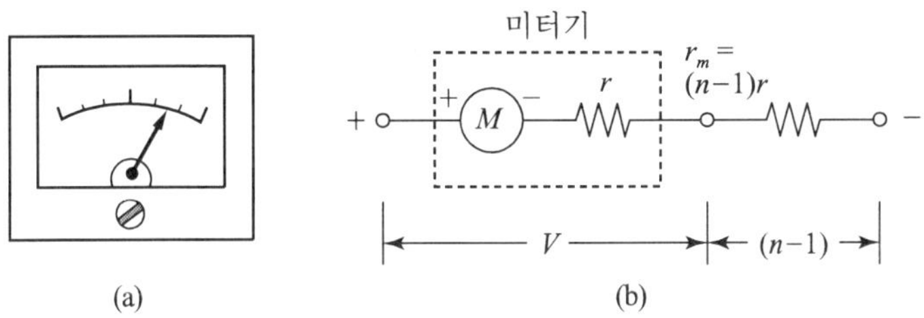

그림 3.3 미터기의 전압 확대

3.4 미터기의 전류 확대

그림 3.4와 같이 미터기의 내부저항 r보다 $r/(n-1)$배 작은 저항 r_s를 미터기에 병렬로 연결하면 전류를 n배 확대할 수 있다.

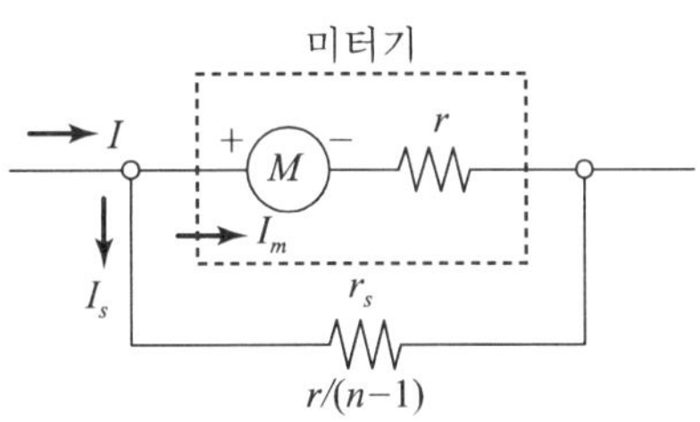

그림 3.4 미터기의 전류 확대

3.5 테스터의 구성원리

(1) 전압계

그림 3.5와 같이 F.S.가 50 μA, 내부저항이 2 kΩ인 미터기와 직렬로 48 kΩ, 150 kΩ, 800 kΩ, 4 kΩ을 연결하면 0.1 V~250 V의 5레인지(range)의 전압계를 만들 수 있다.

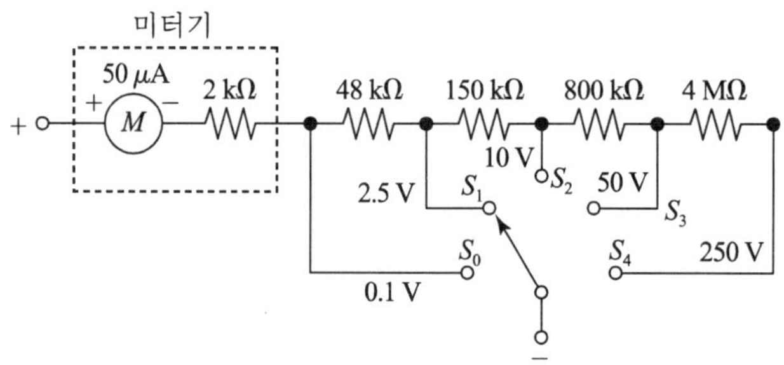

그림 3.5 전압계

S_0 위치: 미터기 자체만으로는 $(50\times10^{-6})(2\times10^{3})=0.1$ V이므로 → 0.1 V

S_1 위치: 합성저항이 $2+48=50$ kΩ이므로 50 kΩ/2 kΩ = 25배가 되므로 0.1×25 → 2.5 V

S_2 위치: $0.1\times[(2+48+150)/2]$ → 10 V

S_3 위치: $0.1\times[(2+48+150+800)/2]$ → 50 V

S_4 위치: $0.1\times[(2+48+150+800+4000)/2]$ → 250 V

> 참고 식 → $r_m=(n-1)r$, 단, r_m : 직렬저항, n : 배율, r : 미터기의 내부저항
> $n=(r+r_m)/r$

(2) 전류계

그림 3.6과 같이 F.S.가 10 μA, 내부저항이 5 kΩ인 미터기와 직렬로 1 kΩ, 11 kΩ, 111 kΩ, 1111 kΩ을 연결하면 10 μA~100 mA의 전류계를 만들 수 있다.

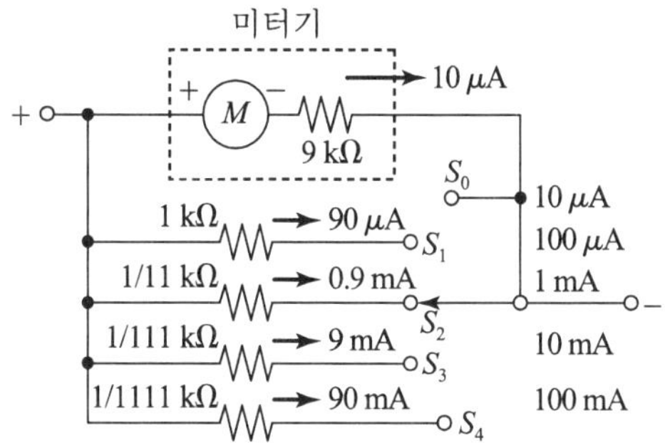

그림 3.6 전류계

S_0 위치: 10 μA

S_1 위치: 10 $\mu\text{A}\times(1+9) \rightarrow 100\ \mu\text{A}$

S_2 위치: 10 $\mu\text{A}\times(1+99)=1000\ \mu\text{A} \rightarrow 1\ \text{mA}$

S_3 위치: 10 $\mu\text{A}\times(1+999) \rightarrow 10\ \text{mA}$

S_4 위치: 10 $\mu\text{A}\times(1+9999) \rightarrow 100\ \text{mA}$

참고 식 → $r_s = \dfrac{r}{n-1}$, 단, r_s : 병렬저항, n : 배율, r : 미터기의 내부저항

$n = (r + r_s)/r$

② 소요 기기 및 재료

구 분	명 칭	규 격	수 량
소요 기기	1. 직류 안정화 전원장치	0~30 V, 1 A	1
	2. 테스터	아날로그(VOM) 또는 디지털(DMM)	1
	3. 브레드 보드 또는 전용 실습장치(Trainer)	82×55 mm 이상	1
소요 재료	1. 저항	1.8 Ω, 1/4 W 2.2 Ω, 〃 5.6 Ω, 〃 8.2 Ω, 〃 12 Ω, 〃 39 Ω, 〃 100 Ω, 〃 5.6 kΩ, 〃 10 kΩ, 〃	1 1 1 1 1 1 3 3 3
	2. 가변저항	1 kΩ, PCB형	1
	3. DC 램프	6 V, 0.15 A 12 V, 0.15 A	1 1
	4. 미터기	50 μA 또는 500 μA	1
	5. 단심 연결선	0.6 Φ, 3~5 cm	4~6

③ 과제 수행 순서

1. 그림 3.7과 같이 전압분배회로를 구성하여 ⓐ, ⓑ, ⓒ점에서의 전압을 전압계를 옮겨가면서 측정하여 표 3.1에 적으시오.

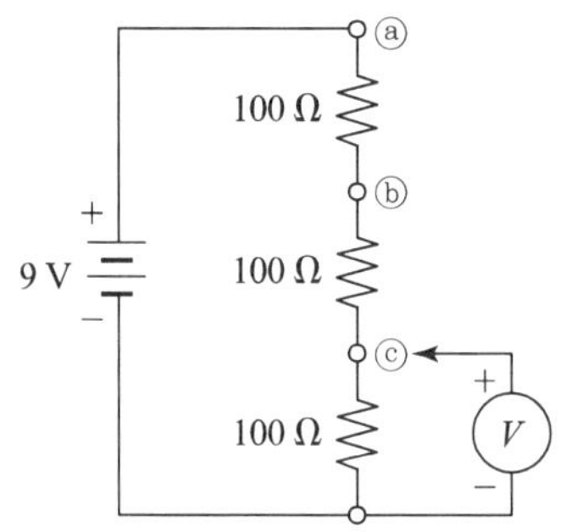

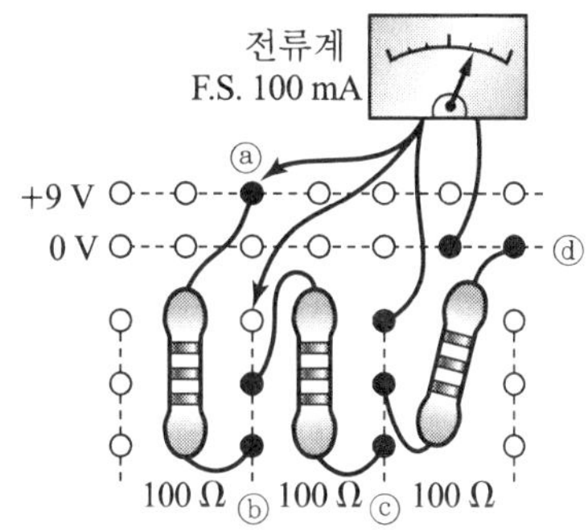

그림 3.7 전압분배회로(A)

표 3.1

측정점	ⓐ	ⓑ	ⓒ
전압(V)			

2. 그림 3.8의 ⓑ점에 부하(VR)가 연결되지 않았을 때 전류와 전압을 측정하여 표 3.2에 적으시오.

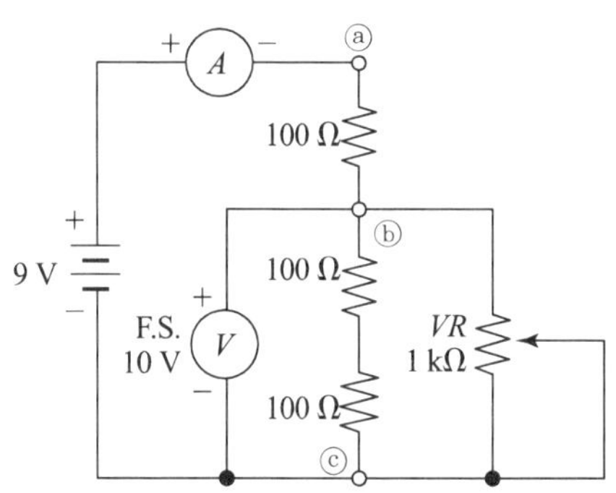

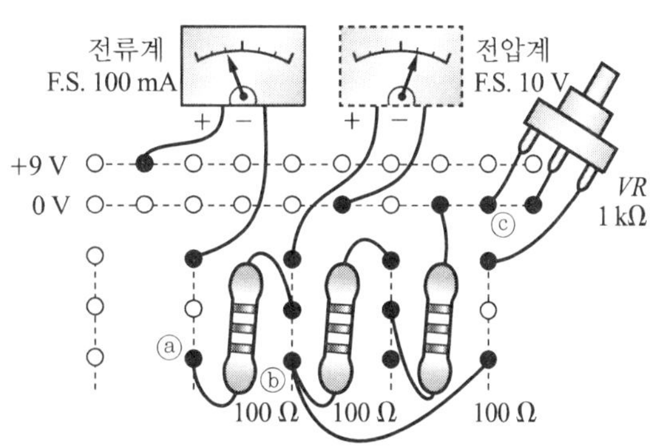

그림 3.8 전압분배회로(B)

표 3.2

구 분	부하 미 연결 시	부하 연결 시
VR의 저항 값(Ω)		
ⓑ점 전압(V)		

3. 그림 3.8 회로의 ⓑ점에 부하(VR 1 kΩ)를 연결하고 회로전류가 45 mA가 되도록 VR을 조정하여 이때 VR의 저항 값과 ⓑ점에서의 전압을 읽어 표 3.2에 기입하시오.

4. 그림 3.8 회로의 ⓑ점 전압이 4.5 V가 되도록 VR을 조정하고 이때 VR의 저항 값과 전류를 측정하여 표 3.3에 기입하시오.

표 3.3

VR의 저항 값	
회로전류(mA)	

5. 그림 3.9와 같이 DC 6 V 및 DC 12 V 램프를 병렬로 연결한 경우의 회로전류를 측정하여 표 3.4에 기입하시오.

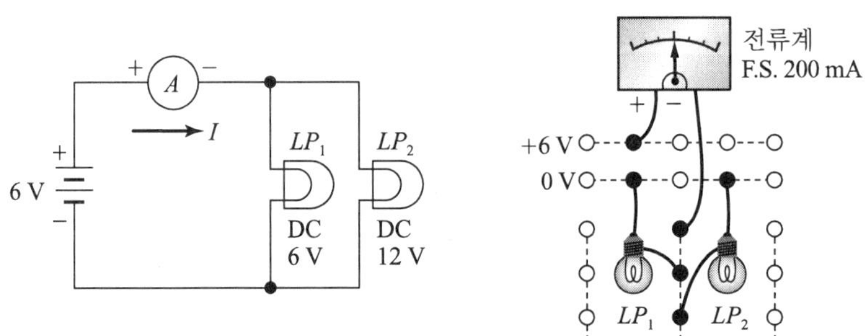

그림 3.9 램프의 병렬연결

표 3.4

구 분	I	I_1	I_2
전류(mA)			

6. 그림 3.9의 회로에 그림 3.10과 같이 LP_1, LP_2에 전류계를 옮겨 전류 I_1, I_2를 측정하여 표 3.4에 기입하시오.

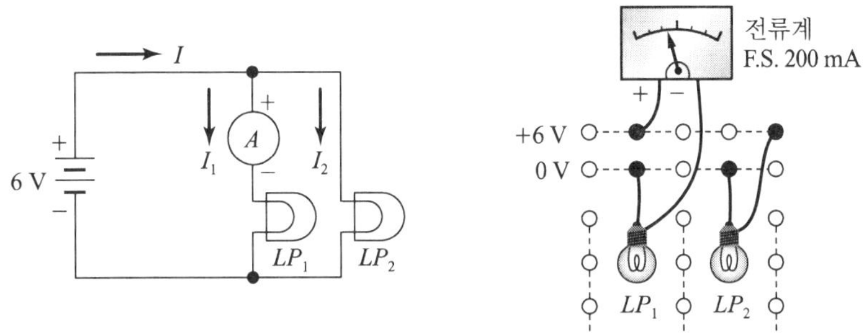

그림 3.10 램프의 전류

7. 그림 3.11 회로에서 ⓐ-ⓒ의 전압을 정확히 5 V로 맞춘 상태에서 미터기의 전류와 ⓑ-ⓒ의 전압을 측정하여 옴의 법칙에 의해 미터기의 내부저항을 계산하여 표 3.5에 기입하시오.

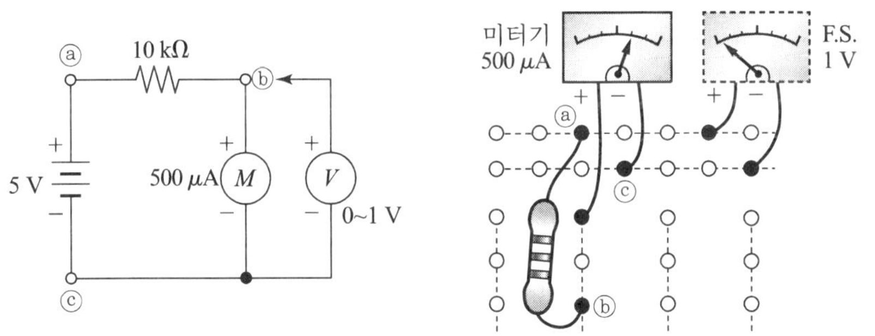

그림 3.11 미터기 저항 측정회로

표 3.5

ⓑ-ⓒ 전압(V)	미터기의 내부저항(Ω)

8. 그림 3.12(a)와 같이 F.S.가 500 μF, 내부저항이 400 Ω인 미터기를 사용하여 5 V, 10 V, 15 V 전압계를 구성해 보시오.

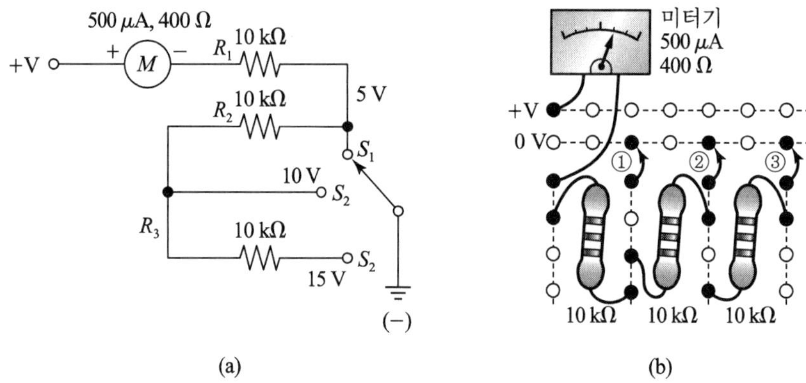

그림 3.12 3레인지 전압계

(1) 그림 3.12(a)와 같이 회로 연결 후 절환 스위치(로터리 스위치)를 $S_{1,}$ S_2, S_3 위치로 바꿔가면서 미터기의 전압을 읽어 표 3.6에 기록하시오. 단, 미터기의 눈금은 500 μA 대신, 5 V, 10 V, 15 V로 교체하여 읽으시오.

(2) 스위치를 생략할 경우 그림 3.12(b)와 같이 초기에 ②, ③의 미 연결 상태에서 ①을 연결(S_1), ①, ③의 미 연결 상태에서 ②를 연결(S_2), ①, ②의 미 연결 상태에서 ③을 연결(S_3)하는 순서로 미터기의 전압을 읽어 표 3.6에 기입하시오.

표 3.6

구 분	S_1(①)	S_2(②)	S_3(③)
전압(V)			

[참고 1] $(500\times10^{-6})\times(400)=0.2$ V이므로 배율 $n=5/0.2=\underline{25}$, $10/0.2=\underline{50}$, $15/0.2=\underline{75}$이므로 직렬저항은 각각 9.6 kΩ, 19.6 kΩ, 29.6 kΩ이어야 되지만 편의상 10 kΩ, 20 kΩ, 30 kΩ으로 회로를 구성하였음.

[참고 2] 만일 F.S.가 F, 내부저항이 r인 미터기를 사용 시 $(F\times r)=V$, $\left(\frac{5}{V}-1\right)r$, $\left(\frac{10}{V}-1\right)r$, $\left(\frac{10}{V}-1\right)r$, $\left(\frac{15}{V}-1\right)r$의 직렬저항 값으로 대체. (예) $F=50\ \mu$A, $r=2$ kΩ인 경우 $V=50\times10^{-6}\times2\times10^3=0.1$이므로 $\left(\frac{5}{0.1}-1\right)\times2=98$ kΩ, $\left(\frac{10}{0.1}-1\right)\times2=198$ kΩ, $\left(\frac{15}{0.1}-1\right)\times2=298$ kΩ이 됨.

9. 그림 3.13(a)와 같이 F.S.가 500 μA, 내부저항이 400 Ω인 미터기와 분류저항을 사용하여 5 mA, 10 mA, 50 mA의 전류계를 구성해 보시오. 절환 스위치를 생략하는 경우에는 그림 3.13(b)와 같이 초기에 ②, ③의 미 연결 상태에서 ①을 연결(S_1), ①, ③의 미 연결 상태에서 ②를 연결(S_2), ①, ②의 미 연결 상태에서 ③을 연결(S_3)하는 순서로 미터기의 전류 값을 읽어 표 3.7에 기록하시오. 단, 각각 교정 눈금으로 읽음.

[참고] 만일 F.S.가 F, 내부저항이 r인 미터기를 사용 시 $n_1=(5\times10^{-3})/F$, $n_2=(10\times10^{-3})/F$, $n_3=(50\times10^{-3})/F$이므로 $R_{s1}=\dfrac{r}{n_1-1}$, $R_{s2}=\dfrac{r}{n_2-1}$, $R_{s3}=\dfrac{r}{n_3-1}$이 됨.

(예) $F=50\ \mu\text{A}$, $r=2\ \text{k}\Omega$인 경우 $n_1=100$, $n_2=200$, $n_3=1000$이므로 $R_{s1}=\dfrac{2000}{99}\fallingdotseq 20\ \Omega$, $R_{s2}=\dfrac{2000}{199}\fallingdotseq 10\ \Omega$, $R_{s3}=\dfrac{2000}{999}\fallingdotseq 2\ \Omega$.

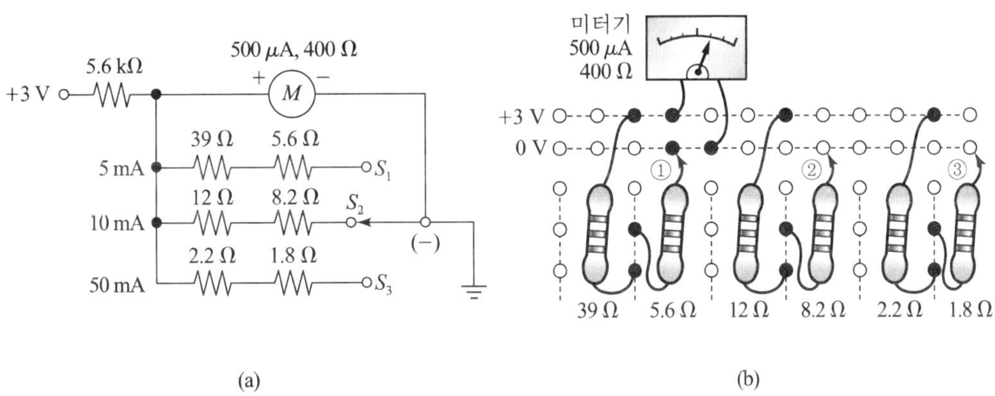

그림 3.13 3레인지 전류계

표 3.7

구 분	S_1(①)	S_2(②)	S_3(③)
전류(mA)			

수행 보고서

과제 3	전압, 전류분배와 전류계, 전압계	학번 :	성명 :

1. 수행 1~수행 9의 결과(표 3.1~표 3.7)를 적으시오.

표 3.1

측정점	ⓐ	ⓑ	ⓒ
전압(V)			

표 3.2

구 분	부하 미 연결 시	부하 연결 시
VR의 저항 값(Ω)		
ⓑ점 전압(V)		

표 3.3

VR의 저항 값	
회로전류(mA)	

표 3.4

구 분	I	I_1	I_2
전류(mA)			

(절취선)

표 3.5

ⓑ-ⓒ 전압(V)	미터기의 내부저항(Ω)

표 3.6

구 분	S_1(①)	S_2(②)	S_3(③)
전압(V)			

표 3.7

구 분	S_1(①)	S_2(②)	S_3(③)
전류(mA)			

2. 수행 1에서 전압을 12 V로 한다면 ⓐ, ⓑ, ⓒ점에서의 전압은 얼마가 되는지를 적으시오.

   전압 ⓐ = (　　　　　V), ⓑ = (　　　　　V), ⓒ = (　　　　　V)

3. 수행 3의 결과를 이용해서 VR에 흐르는 전류가 얼마인지를 계산에 의해 구하여 적으시오.

4. 수행 4에서 ⓑ점의 전압을 계산에 의한 값과 비교해서 적고, 차이가 난다면 그 이유가 무엇인지를 적으시오.

5. DC 전압이 12 V, 회로전류 20 mA인 직렬저항회로에서 4개의 저항에 걸리는 전압이 3 V, 6 V, 9 V, 12 V로 분할되기 위한 저항 값(R_1, R_2, R_3, R_4의 값)을 적으시오.

6. 수행 5, 6의 측정결과를 통해서 깨달은 전류법칙을 간단히 설명하시오.

7. 수행 5의 측정결과를 통해서 LP_1, LP_2의 저항을 구하시오.

(1) LP_1의 저항=(　　　　　Ω),　　　　　　(2) LP_2의 저항=(　　　　　Ω)

8. 수행 8에서 전압 레인지를 5 V, 30 V로 확장할 때의 저항 값을 적으시오.

9. 수행 9에서 전류 레인지를 100 mA, 500 mA로 확장할 때의 저항 값을 적으시오.

(절취선)

자기 평가서

과제 3	전압, 전류분배와 전류계, 전압계	학번 :	성명 :

순번	학습내용	확실하게 이해	보통 이해	이해 미흡
1	전압분배의 원리			
2	전류분배의 원리			
3	병렬저항의 가감에 의한 전류의 변화			
4	미터기의 내부저항 구하는 법			
5	전압계의 구성 원리			
6	전류계의 구성 원리			
7	과제 수행 후 만족감(○표)	상	중	하

종합 소견 평 :

* 학생이 과제 수행을 마치고 학습내용에 대한 본인의 이해도를 스스로 평가함.

(절취선)

수행 평가서

과제 3	전압, 전류분배와 전류계, 전압계	학번 :	성명 :

내 용	반영률	A (아주 우수) 29/19/10	B (우수) 26/17/9	C (보통) 23/15/8	D (다소 부족) 19/13/7	E (아주 부족) 15/10/5	점수
수행 결과(표 3.1~3.7)	30 %						
자기평가와 수행평가의 일치성	20 %						
지식 표현능력 (수행 보고서 2, 4항)	10 %						
지식 응용능력 (수행 보고서 5, 8, 9항)	10 %						
지식 연계능력 (수행 보고서 3, 6, 7항)	10 %						
학습태도	20 %						
합 계							

종합 평가 :

* 지도교수의 평가서로 학생 평가, 피드백 및 차후 과제 진행에 참고자료로 활용.

** A, B, C, D 밑의 a/b/c는 반영률 30 %(a), 20 %(b), 10 %(c)의 백분율 점수.

평가 방법 및 조치

1. 자기평가와 수행평가의 일치성은 측정 데이터의 정확성과 수행 보고서를 근거로 판정.
2. 수행 보고서는 측정 데이터의 정확성을 위주로 평가.
3. 학습태도는 협동력, 집중도, 수행 자세, 정리 정돈을 중점적으로 관찰 평가.
4. 평가점수가 60점 미만이면 피드백 대상이며 부족한 부분에 대해서 보충교육 수행.

(절취선)

학습과제

4

부하 효과

학습 개요

학습 과제 명	부하 효과
학습 목표	- 직렬 또는 병렬회로에서 저항 하나에 부하가 연결되었을 때 전압 및 전류의 변화가 초래됨을 인식한다. - 부하 연결의 영향을 최소화하는 방법을 익힌다. - 아울러 부하 효과를 감안한 회로설계의 지식을 터득한다.
현장 적용 예	- 테스터에 의한 전압 측정 시 오차 - 부하의 추가 연결 시 전류용량 - 전기설비의 확충 연결 시 고려사항
수행 준비물	- 필기도구 - 계산기 - 수행 결과 기록지
소요 시간	120분
수행 시 유의사항	- 수행에 사용할 부품의 규격에 착오가 없는지 확인한다. - 반드시 준비 작업이나 회로구성이 끝난 뒤 전원을 넣는다(켠다). - 조 단위로 수행 시에는 상호 착오가 없는지 교차 점검한다. - 기기의 사용은 사용법을 숙지한 상태에서 행한다. - 수행 완료 후 부품 및 기기는 제 위치에 철저히 정리해 놓는다.

1 필요지식

4.1 부하 효과

그림 4.1과 같이 1개의 저항으로 구성된 회로에서 저항 R 양단에 다른 1개의 저항을 연결하는 개념을 1개의 부하(R_L)가 연결된다고 말한다. 점선으로 표시한 하나의 저항 블록이 발전기 또는 전동기일 수도 있고 전기로 동작되는 여러 가지의 기기일 수도 있다.

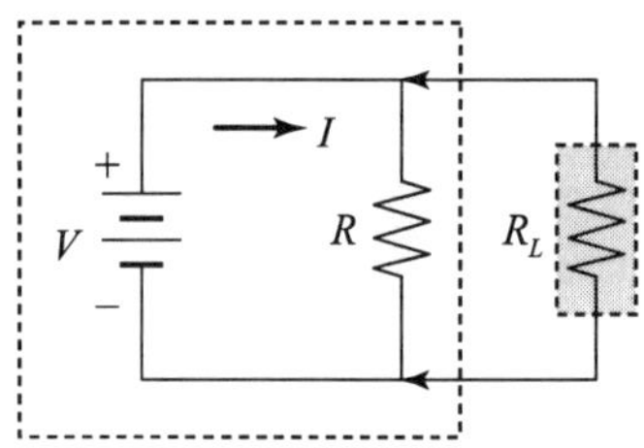

그림 4.1 부하 연결

부하저항이 연결되기 전의 전류는 아래의 식과 같지만

$$I = \frac{V}{R}\,(\Omega) \tag{4.1}$$

부하가 연결되면 병렬 합성저항(R')이 식 (4.2)와 같이 작아지므로 전류 I'는 연결되기 전(I)보다 커지며 합성저항과 전류는 아래의 식과 같다.

$$R' = \frac{R \times R_L}{R + R_L}\,(\Omega) \tag{4.2}$$

$$I' = \frac{V}{R'}\,(\text{A}) \tag{4.3}$$

4.2 부하 효과의 영향

부하 효과(Loading Effect)의 영향은 부하저항이 크면 적게 받지만 부하저항이 작으면 많이 받는다. 그림 4.1의 회로에서 R_L이 R보다 10배 이상 크다면 식 (4.2)에 대입하였을 때 $R' \fallingdotseq R$이 되지만 $R_L = R$이면 $R' \fallingdotseq R/2$, $R_L = 10/R$이면 $R' \fallingdotseq R/11$로 훨씬 작아지므로 영향을 크게 받는다. 만일 그림 4.2와 같은 전압분배회로에서 저항 R_2에 같은 크기의 저항부하가 연결된다면 연결되기 전의 회로전류는 30 mA에서 45 mA로, ⓑ점에서의 전압은 6 V에서 4.5 V로 줄어들게 된다. 즉, ⓑ점에서 6 V를 유지하는 용도인 경우에는 큰 전압강하로 문제가 발생한다.

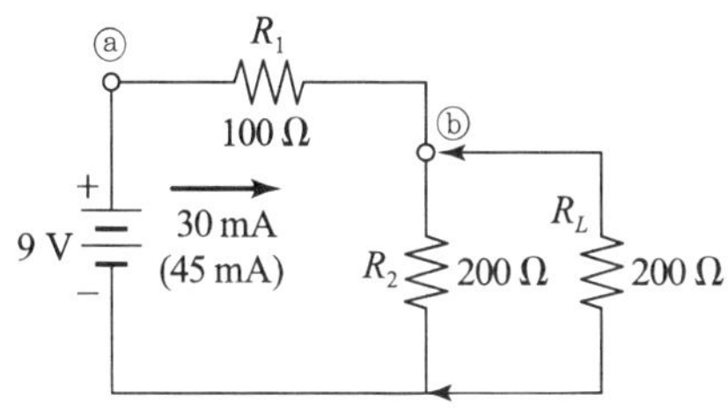

그림 4.2 전압분배와 부하 연결

4.3 입력저항과 출력저항

그림 4.3(a) 회로에서 V_i는 입력전압, V_o는 출력전압이라 할 때 V_i 쪽에서 V_o 쪽으로 본 저항을 입력저항 R_i, V_o 쪽에서 V_i 쪽으로 본 저항을 출력저항 R_o라 한다. 그림 4.3(a) 회로에서의 R_i 및 R_o는 아래와 같다.

$$R_i = R_1 + R_2, \quad R_o = R_2 \tag{4.4}$$

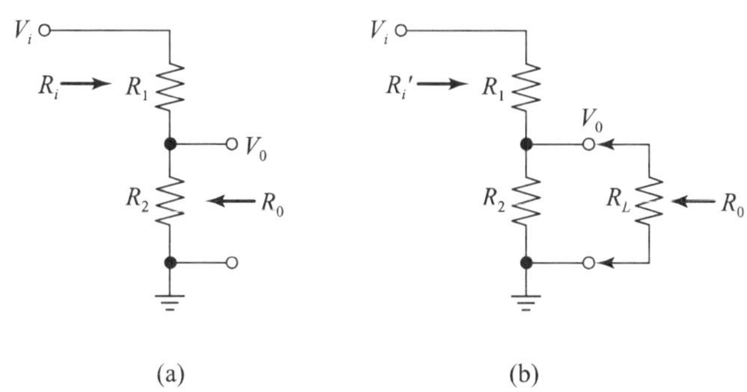

그림 4.3 입력저항과 출력저항

만일 그림 4.3(b)와 같이 출력 측에 부하저항 R_L이 연결되는 경우의 입력 및 출력저항 R_i', R_o'는 아래와 같다.

$$R_i' = R_1 + R_2 // R_L = R_1 + \frac{R_2 R_L}{R_2 + R_L} \tag{4.5}$$

$$R_o' = R_2 // R_L = \frac{R_2 R_L}{R_2 + R_L} \tag{4.6}$$

그림 4.4에서 점선부의 직류회로에 대한 입력저항을 구하기 위해서는 전원 전압을 먼저 점선과 같이 연결하였을 때의 전류 I를 알고 난 뒤에 그림과 같이 전원 전압을 직렬 가변저항과 함께 입력단에 연결하여 흐르는 전류가 $I/2$가 되게 조정하고 그 저항 R을 측정하면 이 값이 입력저항이 된다.

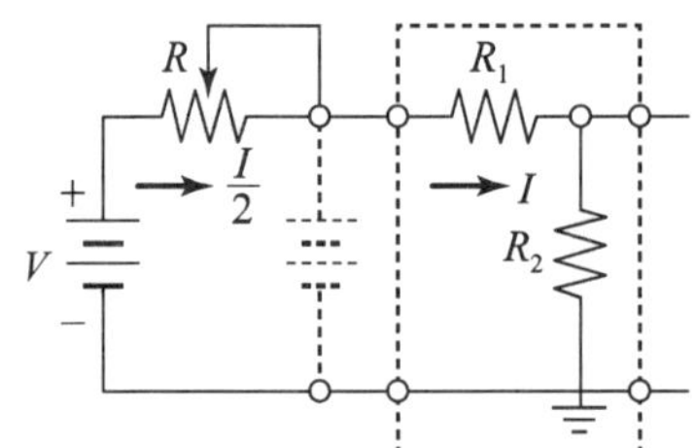

그림 4.4 입력저항 측정 회로

만일 입력전원이 교류신호 발생기(S.G.)인 경우는 조정저항 R과 S.G.의 직렬저항을 직렬로 연결한 R'로 위와 같은 방법을 행하여 점선 부의 입력저항을 구한다.

4.4 전압계의 부하 효과

그림 4.5는 앞의 수행과제에서 미터기를 사용한 전압계 회로이다. r_m은 배율기 저항, r은 미터기의 내부저항이다. 만일 미터기의 전류감도가 50 μA이고, r이 2 kΩ이라면 $50 \times 10^{-6} \times 2 \times 10^{-3} = 0.1$ V이므로 배율 $n = 10$으로 할 때 F.S.는 $0.1 \times 10 = 1$ V가 되며 이때의 미터기에 직렬로 연결된 저항의 값은 $r_m = (10-1) \times 2 = 18$ kΩ, 따라서 전체 저항은 2 kΩ + 18 = 20 kΩ으로 이 값을 F.S.가 50 μA인 전압계의 감도라 하며 20 kΩ/V로 나타낸다. 이때의 저항 값이 F.S.가 1 V인 때 전압계의 입력저항이라

한다. 만일 $n = 100$으로 하여 F.S.가 10 V에서는 그 입력저항이 10배인 200 kΩ이 된다. 일반적으로 미터기의 감도로 전압계의 감도를 구할 수 있다. 미터기의 전류감도를 I_m이라 할 때 전압계의 감도를 구하는 식은 아래와 같다.

$$\text{전압계의 감도} = \frac{1}{I_m}\ (\Omega/\text{V}) \tag{4.7}$$

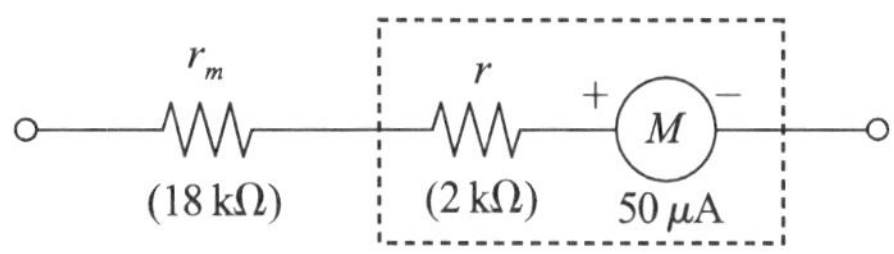

그림 4.5 전압계의 입력저항

그림 4.6과 같은 회로에서 ⓐ점의 전압을 측정하기 위해 감도가 2 kΩ/V인 전압계를 연결한다면 F.S. 레인지를 10 V에 놓아야 하므로 전압계의 입력저항이 10배인 20 kΩ이 된다. 따라서 R_2는 부하 효과에 의해 2 kΩ과 20 kΩ의 병렬 합성저항인 1.82 kΩ으로 떨어져 약 8 %의 오차를 발생시킨다. 그러나 그림 4.5와 같이 감도가 50 μA인 미터기를 사용한다면 $1/(50 \times 10^{-6}) = 20$ kΩ/V이므로 10 V 레인지에서의 입력저항이 200 kΩ이 되어 부하 효과는 미미하여 오차는 약 1 % 정도밖에 되지 않는다. 결국 전압계는 입력저항이 클수록 오차가 줄어들므로 V당 저항이 큰 것을 사용하는 것이 부하효과를 감소시킨다는 사실을 염두에 둘 필요가 있다.

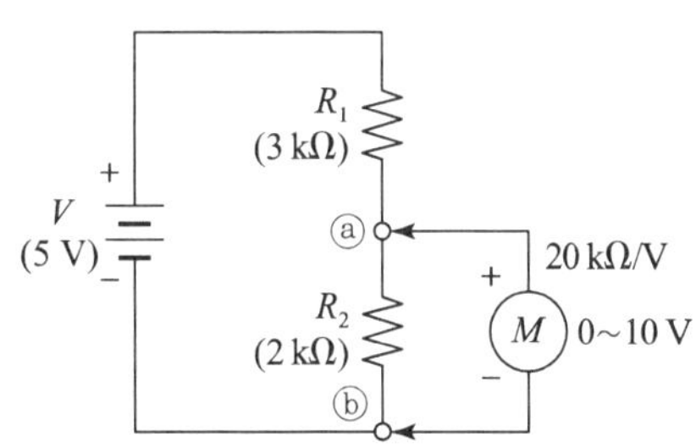

그림 4.6 전압계의 병렬연결

② 소요 기기 및 재료

구 분	명 칭	규 격	수 량
소요 기기	1. 직류 안정화 전원장치	0~30 V, 1 A	1
	2. 테스터	아날로그(VOM) 또는 디지털(DMM)	1
	3. 브레드 보드 또는 전용 실습장치(Trainer)	82×55 mm 이상	1
소요 재료	1. 저항	22 Ω, 1/4 W 120 Ω, 〃 150 Ω, 〃 270 Ω, 〃 330 Ω, 〃 680 Ω, 〃 1.5 kΩ, 〃 5.6 kΩ, 〃 10 kΩ, 〃	1 1 1 1 1 1 1 1 3
	2. 가변저항	1 kΩ, PCB형 5 kΩ, 〃	1 1
	3. 단심 연결선	0.6 Φ, 3~5 cm	4~6

3 과제 수행 순서

1. 그림 4.7 회로에서 부하(R_L)를 연결하지 않았을 때의 ⓐ점 전압과 회로전류를 측정하여 표 4.1에 기입하시오.

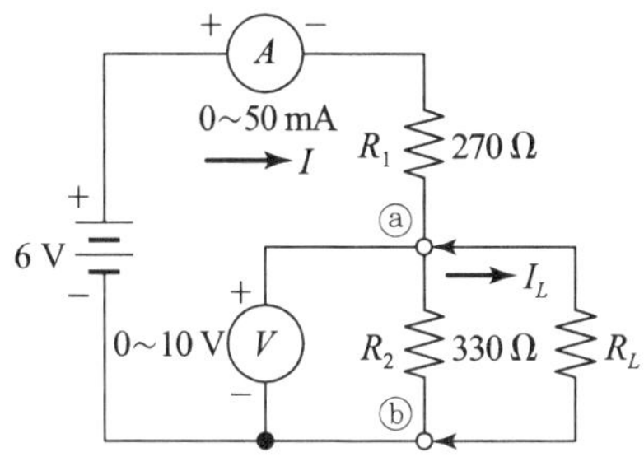

그림 4.7 부하 효과

표 4.1

R_L	미 연결	10 kΩ	5.6 kΩ	1.5 kΩ	680 Ω	330 Ω
ⓐ 전압(V)						
I(mA)						
I_L(mA) : 계산						

2. 10 kΩ, 5.6 kΩ, 1.5 kΩ, 680 Ω, 330 Ω의 부하(R_L)를 연결하였을 때의 ⓐ점의 전압과 전류 I, I_L을 측정하여 표 4.1에 기입하시오.

3. 표 4.1의 측정결과로 부하전류 I_L을 계산하여 표의 해당란에 기입하시오.

4. 그림 4.8 회로에서 VR이 연결되지 않을 때의 회로전류 I를 옴의 법칙에 의해 계산으로 구하여 표 4.2에 기입하시오.

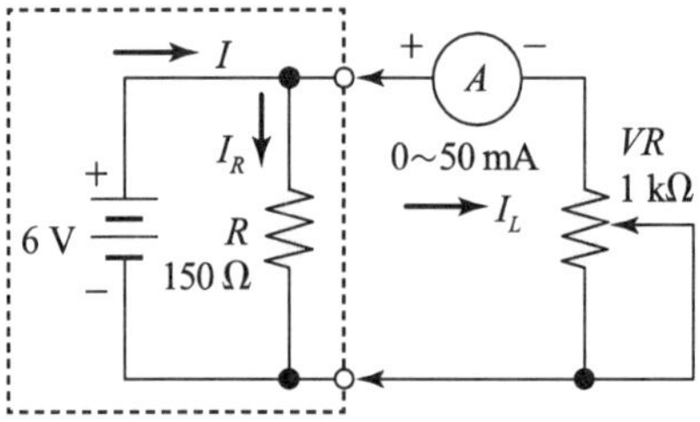

그림 4.8 출력저항

표 4.2

VR 값(Ω)	∞(미 연결)	VR: (측정)	R_L: (계산)	VR: (측정)
I 값(mA)	I= (계산)	$I_L = I$	$I_L = 1.05I$	$I_L = 1.05I$

5. 그림 4.8 회로에서 VR을 조정하여 I_L이 위에서 구한 회로전류 I와 같도록(I) 했을 때의 VR의 저항 값을 측정하여 표 4.2에 기입하시오.

6. 그림 4.8에서 VR 대신 다른 부하저항(R_L)을 연결했을 때 무 부하 시의 전류(I)보다 +5 % 이하의 전류(I_L)를 흘리기 위한 최소의 R_L 값을 계산으로 구해서 표 4.2에 기입하고 VR을 5 kΩ을 연결하여 같은 전류(I')로 맞추고 저항 값을 측정하여 일치하는지를 확인하시오.

   [참고] +5 % 시의 전류 $I' = (105/100)I$, 병렬합성저항 $R_L = 6\,V/I'$. $6\,V/I' = (150R_L)/(150 + R_L)$.

7. 그림 4.9 회로에서 아래의 사항을 수행하시오.

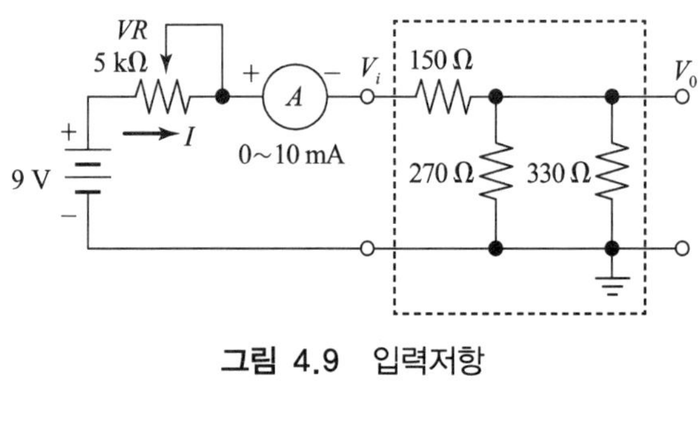

그림 4.9 입력저항

(1) 먼저 점선 부의 합성저항을 구한 뒤 VR을 연결하지 않았을 때의 회로전류 I를 옴의 법칙에 의해 구하여 표 4.3에 기입하시오.

(2) 가변저항(5 kΩ)을 조정하여 전류계의 지시 값이 $I/2$가 되게 하고, 이때의 저항 값을 측정하여 이 값을 표 4.3에 기입하시오.

(3) 측정에 의해 구한 VR 값은 점선 부 회로의 (   )이다.

표 4.3

I(mA)	측정 $I/2$(mA)	$R(\Omega)$

8. 그림 4.10과 같은 점선으로 표시된 임의의 회로가 있을 때

(1) 아날로그 테스터(VOM)를 연결하지 않았을 때의 회로전류 I와 전압분배식에 의해 ⓐ점에서의 전압 V_a를 계산에 의해 구하여 표 4.4에 기입하시오.

(2) VOM을 ⓐ, ⓑ에 연결하여 전압 V_o'를 측정하여 표 4.4의 해당란에 기입하시오.

표 4.4

I(mA)	V_a(V)	V_o'(V)	측정 오차($V_a - V_o'$)

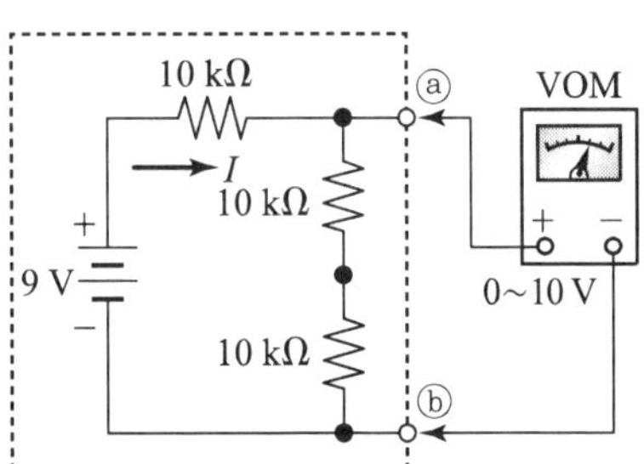

그림 4.10 VOM 오차

9. 수행 1~실험 7까지의 수행과제를 통해서 깨달은 부하 효과를 간단히 요약하여 적으시오.

수행 보고서

과제 4	부하 효과	학번 :	성명 :

1. 수행 1~수행 8의 결과(표 4.1~표 4.4)를 적으시오.

표 4.1

R_L	미 연결	10 kΩ	5.6 kΩ	1.5 kΩ	680 Ω	330 Ω
ⓐ 전압(V)						
I(mA)						
I_L(mA) : 계산						

표 4.2

VR 값(Ω)	∞(미 연결)	VR: (측정)	R_L: (계산)	VR: (측정)
I 값(mA)	$I=$ (계산)	$I_L = I$	$I_L = 1.05I$	$I_L = 1.05I$

표 4.3

I(mA)	측정 $I/2$(mA)	R(Ω)

표 4.4

I(mA)	V_a(V)	V_o'(V)	$(V_a - V_o')$

2. 수행 1, 2의 결과(표 4.1)로부터 ⓐ점의 전압이 10 % 이하로 떨어지지 않는 부하 저항은 얼마로 판단되는지 그 값을 적으시오.

   R_L=(　　　　　　)

3. 수행 4~6의 결과(표 4.2)를 통해서 부하저항보다 몇 배 큰 저항에서 병렬효과의 영향을 5 % 이하로 줄일 수 있는지를 적으시오.

(배)

4. 수행 7에서 그림 4.9 회로는 무엇을 구하기 위한 회로인지와 그 이치를 적으시오.

5. 수행 8에서 테스터(전압계)의 감도가 얼마인지 계산식으로 답을 적으시오.

감도 = (kΩ/V), 계산식 :

6. 그림 4.11 회로의 입력 및 출력저항을 계산에 의해 구하시오.

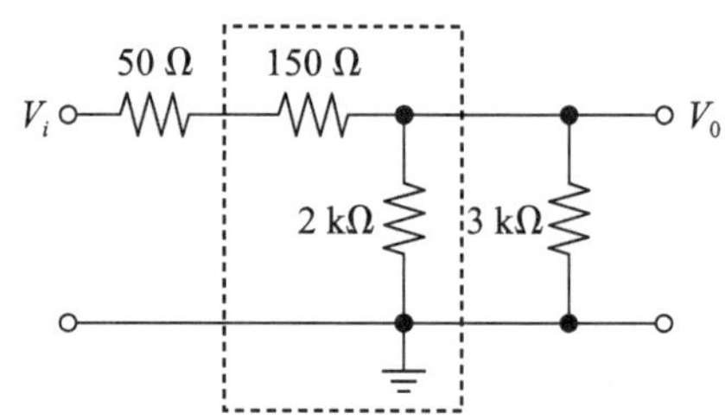

그림 4.11 입력저항 및 출력저항

7. 부하 효과를 요약해서 설명해 보시오.

✂(절취선)

자기 평가서

과제 4	부하 효과	학번 :	성명 :

순번	학습내용	확실하게 이해	보통 이해	이해 미흡
1	부하 효과의 개념			
2	전류분배와 부하 효과의 연계			
3	입력저항과 출력저항의 정의			
4	미터기의 감도와 전압감도의 연관성			
5	전압계의 부하 효과와 오차			
6	부하 효과를 줄이는 방법			
7	과제 수행 후 만족감(○표)	상	중	하

종합 소견 평 :

* 학생이 과제 수행을 마치고 학습내용에 대한 본인의 이해도를 스스로 평가함.

수행 평가서

과제 4	부하 효과	학번 :	성명 :

내 용	반영률	A (아주 우수) 29/19/10	B (우수) 26/17/9	C (보통) 23/15/8	D (다소 부족) 19/13/7	E (아주 부족) 15/10/5	점수
수행 결과(표 4.1~4.4)	30 %						
자기평가와 수행평가의 일치성	20 %						
지식 표현능력 (수행 보고서 4, 7항)	10 %						
지식 응용능력 (수행 보고서 2, 6항)	10 %						
지식 연계능력 (수행 보고서 3, 5항)	10 %						
학습태도	20 %						
합 계							

종합 평가 :

* 지도교수의 평가서로 학생 평가, 피드백 및 차후 과제 진행에 참고자료로 활용.

** A, B, C, D 밑의 a/b/c는 반영률 30 %(a), 20 %(b), 10 %(c)의 백분율 점수.

평가 방법 및 조치

1. 자기평가와 수행평가의 일치성은 측정 데이터의 정확성과 수행 보고서를 근거로 판정.
2. 수행 보고서는 측정 데이터의 정확성을 위주로 평가.
3. 학습태도는 협동력, 집중도, 수행 자세, 정리 정돈을 중점적으로 관찰 평가.
4. 평가점수가 60점 미만이면 피드백 대상이며 부족한 부분에 대해서 보충교육 수행.

(절취선)

학습과제

5

건전지의 내부저항과 접속법

학습 개요

학습 과제 명	건전지의 내부저항과 접속법
학습 목표	- 대표적인 직류전압 원인인 건전지의 특성을 이해한다. - 건전지의 사용법을 터득한다. - 건전지의 용량 선택법, 유지관리 및 경제적인 활용법을 배운다.
현장 적용 예	- 전자 및 전기 기기에서 용도에 맞는 건전지 선택법과 교체 시기 - 전자 및 전기 기기의 설계 시 건전지의 적절한 연결법
수행 준비물	- 필기도구 - 계산기 - 수행 결과 기록지
소요 시간	90분~120분
수행 시 유의사항	- 수행에 사용할 부품의 규격에 착오가 없는지 확인한다. - 반드시 준비 작업이나 회로구성이 끝난 뒤 전원을 넣는다(켠다). - 조 단위로 수행 시에는 상호 착오가 없는지 교차 점검한다. - 기기의 사용은 사용법을 숙지한 상태에서 행한다. - 수행 완료 후 부품 및 기기는 제 위치에 철저히 정리해 놓는다.

1 필요지식

5.1 건전지의 종류

일반적으로 많이 사용하는 탄소아연 건전지는 그림 5.1과 같이 AA, AAA, C, D, 6F22 등이 있으며 그 규격에 따른 크기와 전류용량은 표 5.1과 같다. ( ) 안의 명칭은 IEC 명칭이다.

D C AA AAA 6F22

그림 5.1 건전지의 종류

표 5.1 건전지 규격

구 분	D (R20)	C (R14)	AA (R6)	AAA (R3)	6F22
정격 전압(V)	1.5	1.5	1.5	1.5	9
크기(mm)	34.2 Φ	26.2 Φ	14.5 Φ	10.5 Φ	26.5×17.5×48.5
전류용량(mA/h)	8000	3800	1100	540	400

표 5.1에서 전류용량 표시 mA/h는 건전지가 1시간(hour)에 공급할 수 있는 총 전류의 양을 말하며 건전지 내에 들어 있는 에너지 양이라고 할 수 있다. 예컨대 D 건전지의 경우 8000 mA/h이므로 100 mA의 전류를 흘리는 플래시가 있다면 지속적으로 80시간 쓸 수 있다는 의미이다. 그러나 중간에 껐다가 켰다를 반복한다면 건전지의 회복시간이 있기 때문에 그보다 오래 사용할 수도 있다. 여기서 중요한 것은 물리적인 크기나 가격적인 측면에서 용도에 맞는 건전지 규격을 선택하는 일이라고 할 수 있다.

5.2 건전지의 내부저항

보통 새 건전지의 개방전압은 정격전압인 1.5 V보다 약간 높은 1.6 V 정도가 나온다. 그러나 그림 5.2와 같이 부하저항을 연결하여 전류를 흘리면 부하에 걸리는 전압은 개방전압보다 떨어져 나온다. 이것은 건전지 내부에 저항이 있다는 것을 의미하며 이를 내부저항 r이라 한다. 좀 더 정확히는 화학전지의 특징인 내부에서 분극작용에 의한 역방향의 아주 작은 전압강하까지 포함해서 설명해야 하지만 이 성분을 합한 전압을 내부저항으로 간주하여 해석하면 부하전류가 I라 할 때 부하전압 V_L은 아래와 같다.

$$V_L = V - Ir\,(\mathrm{V}) \tag{5.1}$$

$$r = \frac{V - V_L}{I}\,(\Omega) \tag{5.2}$$

내부저항은 건전지의 사용시간이 길어질수록 증가한다.

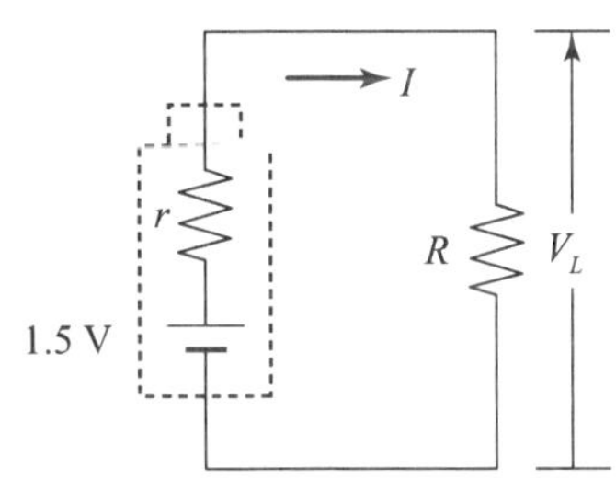

그림 5.2 건전지의 내부저항

건전지의 내부저항은 식 (5.1)로부터 아래와 같은 식이 얻어진다.

5.3 건전지의 접속법

건전지는 직렬 또는 병렬, 경우에 따라서는 직·병렬로 연결해서 사용하는 경우가 많다. 편의상 직렬과 병렬접속 두 가지에 대해서만 요약해서 설명한다. 건전지 1개일 때의 기호는 그림 5.3과 같이 표시한다. 이 기호는 단위 셀(Cell)이라는 표시이기도 하다.

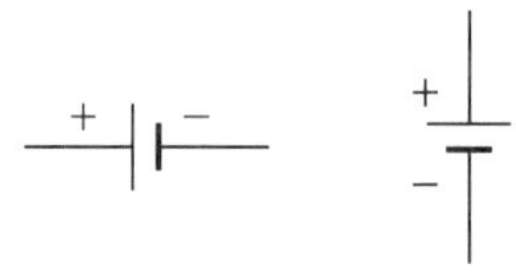

그림 5.3 건전지의 기호

(1) 직렬접속

그림 5.4는 건전지 2개, 3개를 직렬로 접속한 회로이다. 같은 전압 V의 건전지를 n개 직렬로 연결한 경우의 전압 V_n은 전압에 그 수를 곱한 값으로 아래와 같다.

$$V_n = nV(\mathrm{V}) \tag{5.3}$$

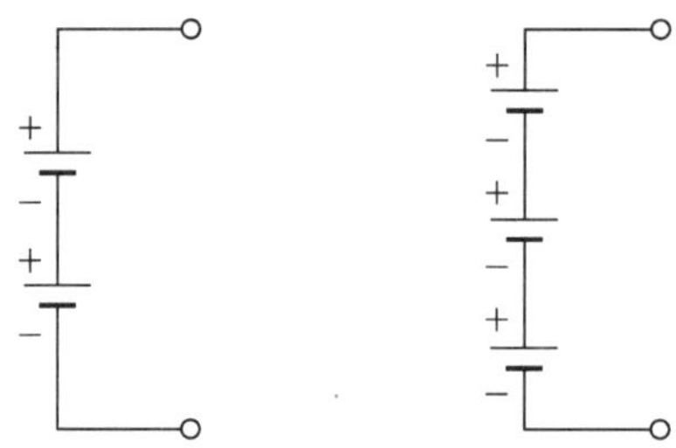

그림 5.4 건전지의 직렬접속

전압을 증가시키기 위한 경우에는 이와 같이 직렬접속하면 되지만 그림 5.5(a)와 같이 2개를 접속한다면 그림 5.5(b)와 같이 내부저항 또한 2배로 증가하는 단점이 있다.

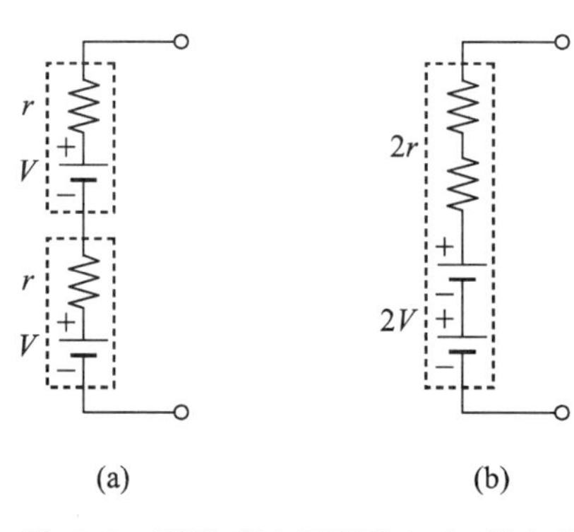

그림 5.5 건전지의 직렬접속과 내부저항

따라서 n개의 건전지를 직렬접속하고 부하저항을 연결했을 때 부하전압은 아래와 같다.

$$V_L = nV - nIr = n(V - Ir)\,(\mathrm{V}) \tag{5.4}$$

(2) 병렬접속

그림 5.6은 건전지 2개의 병렬접속회로이며 이때의 전압은 변함없이 같다. 다만 차이점이 있다면 전류용량이 2배로 증가하는 장점이 있다.

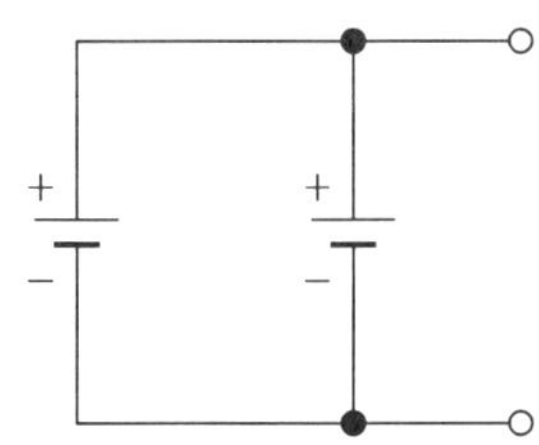

그림 5.6 건전지의 병렬접속

건전지의 병렬접속의 또 한 가지 장점은 그림 5.7(b)와 같이 내부저항 또한 병렬접속이 되므로 내부 전압강하가 줄어든다는 점이다. 2개 병렬인 경우는 1/2, n개 병렬인 경우는 $1/n$로 저항이 감소된다. 따라서 n개의 병렬접속회로에서의 부하전압은 아래와 같다.

$$V_L = V - \frac{Ir}{n}\,(\mathrm{V}) \tag{5.5}$$

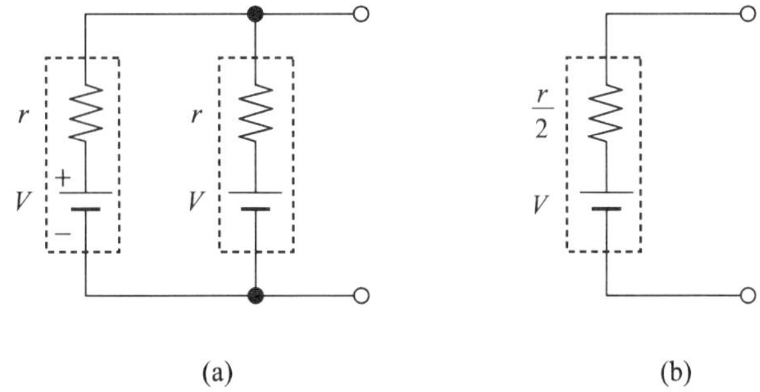

그림 5.7 건전지의 병렬접속과 내부저항

[참고] 만일 새 건전지와 오래 쓴 건전지를 병렬로 접속할 경우에는 전압이 높은 쪽(새것)에서 낮은 쪽(헌것)으로 전류가 일시적으로 흐르지만 새것이 헌것 쪽의 전압으로 점점 방전이 된 뒤에 헌것 전압보다 약간 큰 전압에서 멈춘다. 이 현상은 내부저항만으로 해석하기보다는 건전지의 화학적 특성도 감안해야 하므로 본 수행에서는 생략하기로 한다.

2 소요 기기 및 재료

구 분	명 칭	규 격	수 량
소요 기기	1. 직류 안정화 전원장치	0~30 V, 1 A	1
	2. 테스터	아날로그(VOM) 또는 디지털(DMM)	1
	3. 브레드 보드 또는 전용 실습장치(Trainer)	82×55 mm 이상	1
소요 재료	1. 저항	1.5 Ω, 1/4 W 39 Ω, 〃 100 Ω, 〃	1 1 3
	2. 가변저항	1 kΩ, PCB형 5 kΩ, 〃 50 kΩ, 〃	1 1 1
	3. 단심 연결선	0.6 Φ, 3~5 cm	4~6

3 과제 수행 순서

1. 그림 5.8에서 전압 원이 AAA, AA, 6F22 건전지(1개)가 개방일 때 ⓐ, ⓑ의 전압 V_O와 부하저항 100 Ω을 연결할 때의 부하전압 V_L 및 전류 I_L를 측정하여 표 5.2에 기입하시오.

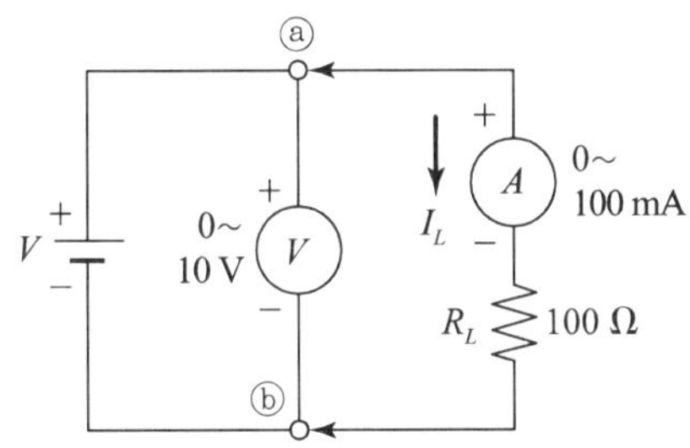

그림 5.8 건전지의 전압

표 5.2

구 분		AAA	AA	6F22
측정	개방전압 V_O(V)			
	부하전압 V_L(V)			
	부하전류(mA)			
계산	$V_O - V_L$(V)			
	내부저항 r(Ω)			

2. 측정결과로 $V_O - V_L$과 내부저항 r을 계산하여 표 5.2에 적으시오.

3. 그림 5.9와 같이 AAA 건전지 2개를 직렬로 접속하여 공급전압으로 할 때 수행 1과 같은 실험을 수행하여 그 결과를 표 5.3에 기록한 뒤 $V_O - V_L$와 r을 계산하여 표 5.3에 기입하시오.

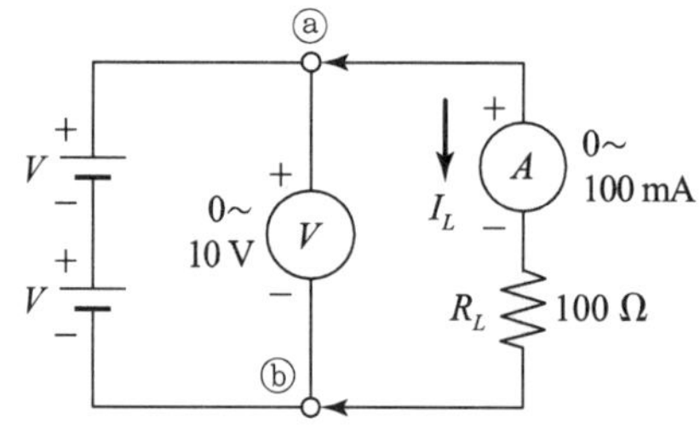

그림 5.9 건전지의 직렬접속

표 5.3

구 분	측 정			계 산	
	V_O(V)	V_L(V)	I_L(mA)	$V_O - V_L$(V)	$r(\Omega)$
AAA					
AA					

4. 건전지를 AA로 바꿔 위와 같은 수행을 행하여 그 결과를 표 5.3에 기입하시오.

5. 그림 5.10과 같이 건전지 AA(1.5 V) 및 6F22(9 V)를 사용한 병렬접속회로를 구성하여 개방전압과 부하전압을 측정 및 계산으로 구하여 표 5.4에 기입하시오.

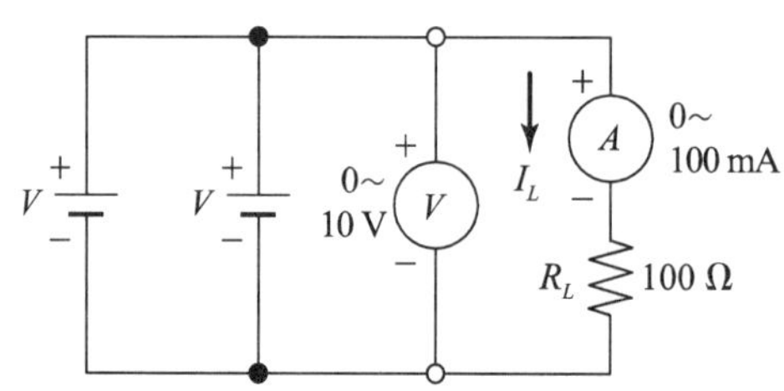

그림 5.10 건전지의 병렬접속

표 5.4

구 분	측 정			계 산	
	V_O(V)	V_L(V)	I_L(mA)	$V_O - V_L$(V)	$r(\Omega)$
AA					
6F22					

6. 그림 5.11 회로는 직렬로 접속한 2개의 건전지를 다시 병렬로 접속한 회로이다. AAA와 AA 건전지의 개방(V_o) 및 부하전압(V_L)을 측정하여 $V_O - V_L$, r(합성 내부저항)을 계산으로 구하여 표 5.5에 기입하시오.

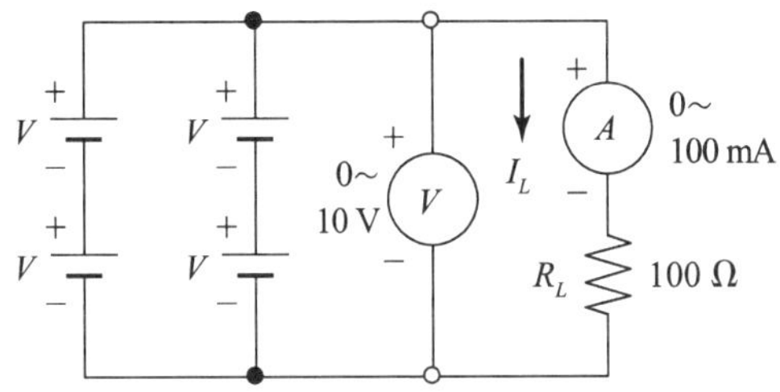

그림 5.11 건전지의 직 · 병렬접속

표 5.5

구 분	측 정			계 산	
	V_O(V)	V_L(V)	I_L(mA)	$V_O - V_L$(V)	$r(\Omega)$
AAA					
AA					

7. 그림 5.12 회로에서 AA 건전지 4개를 사용하여 150 mA(I_L)의 전류를 흐르는 부하를 연결한다고 할 때 저항 값 R과 부하전압이 얼마인가를 계산으로 구해 표 5.6에 기입하시오. 단, 계산 시 직렬접속 개방전압은 6.1 V, 건전지 1개당 내부저항은 0.4 Ω이라 가정함.

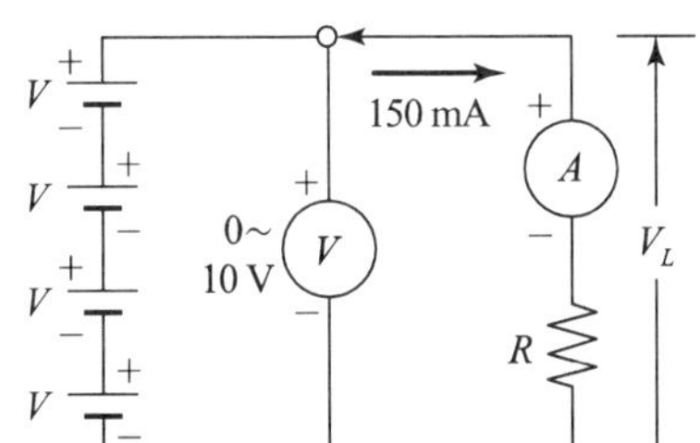

그림 5.12 건전지의 4개 직렬접속

표 5.6

계 산		측 정		
$R(\Omega)$	$V_L(\mathrm{V})$	$V_O(\mathrm{V})$	$V_L(\mathrm{V})$	$I_L(\mathrm{mA})$

8. 계산으로 구한 부하저항을 연결한 뒤 무 부하전압 V_O, 부하전압 V_L, 부하전류 I_L을 측정하여 표 5.6에 기입하시오.

수행 보고서

과제 5	건전지의 내부저항과 접속법	학번 :	성명 :

1. 수행 1~수행 8의 결과(표 5.2~표 5.6)를 적으시오.

표 5.2

구 분		AAA	AA	6F22
측정	개방전압 V_O(V)			
	부하전압 V_L(V)			
	부하전류(mA)			
계산	$V_O - V_L$(V)			
	내부저항 $r(\Omega)$			

표 5.3

구 분	측 정			계 산	
	V_O(V)	V_L(V)	I_L(mA)	$V_O - V_L$(V)	$r(\Omega)$
AAA					
AA					

표 5.4

구 분	측 정			계 산	
	V_O(V)	V_L(V)	I_L(mA)	$V_O - V_L$(V)	$r(\Omega)$
AA					
6F22					

(절취선)

표 5.5

구 분	측 정			계 산	
	V_O(V)	V_L(V)	I_L(mA)	$V_O - V_L$(V)	$r(\Omega)$
AAA					
AA					

표 5.6

계 산		측 정		
$R(\Omega)$	V_L(V)	V_O(V)	V_L(V)	I_L(mA)

2. 작성한 표 5.2로부터 측정 데이터로 계산한 내부저항 값이 작은 순서로 건전지 명을 나열하여 적으시오.

3. 수행 3, 4로 작성한 표 5.3에서의 r값과 수행 1, 2로 작성한 표 5.2에서 구한 r값의 차이를 비교하고 어느 쪽이 더 정확하다고 판단하는지 그 이유를 함께 적으시오.

4. 수행 5의 결과(표 5.4)로부터 병렬접속 시 건전지 AA와 6F22 중 어느 쪽이 내부저항이 얼마나 작은지를 데이터로 비교해 적으시오.

5. 작성한 표 5.2, 표 5.3, 표 5.4를 근거로 AA 건전지 6개를 직렬로 접속하여 만든 9 V와 6F22 3개를 병렬로 접속하여 만든 9 V 중 어느 쪽이 내부저항이 큰가를 데이터로 설명하시오.

6. 수행 6의 결과(표 5.5)를 통해서 건전지의 병렬접속의 이점과 우리 주변의 실생활에서 그 용도를 생각나는 대로 한 가지 이상 적으시오.

7. 수행 8에서 R을 구하는 계산식을 적어보고 계산값과 측정값을 비교해서 오차가 발생했다면 그 원인에 대해서 적으시오.

8. 건전지의 직렬접속과 병렬접속의 장단점을 요약해서 적으시오.

(절취선)

자기 평가서

과제 5	건전지의 내부저항과 접속법	학번 :	성명 :

순번	학습내용	확실하게 이해	보통 이해	이해 미흡
1	건전지의 내부저항의 정의			
2	건전지의 내부저항을 구하는 법			
3	건전지의 직렬접속의 방법과 장단점			
4	건전지의 병렬접속의 방법과 장단점			
5	건전지의 종류에 따른 내부저항의 차이			
6	건전지의 직렬과 병렬접속의 용도			
7	과제 수행 후 만족감(○표)	상	중	하

종합 소견 평 :

* 학생이 과제 수행을 마치고 학습내용에 대한 본인의 이해도를 스스로 평가함.

(절취선)

수행 평가서

과제 5	건전지의 내부저항과 접속법	학번 :	성명 :

내 용	반영률	A (아주 우수) 29/19/10	B (우수) 26/17/9	C (보통) 23/15/8	D (다소 부족) 19/13/7	E (아주 부족) 15/10/5	점수
수행 결과(표 5.1~5.5)	30 %						
자기평가와 수행평가의 일치성	20 %						
지식 표현능력 (수행 보고서 2, 3항)	10 %						
지식 연계능력 (수행 보고서 4, 5, 6, 7항)	20 %						
학습태도	20 %						
합 계							

종합 평가 :

* 지도교수의 평가서로 학생 평가, 피드백 및 차후 과제 진행에 참고자료로 활용.

** A, B, C, D 밑의 a/b/c는 반영률 30 %(a), 20 %(b), 10 %(c)의 백분율 점수.

평가 방법 및 조치

1. 자기평가와 수행평가의 일치성은 측정 데이터의 정확성과 수행 보고서를 근거로 판정.
2. 수행 보고서는 측정 데이터의 정확성을 위주로 평가.
3. 학습태도는 협동력, 집중도, 수행 자세, 정리 정돈을 중점적으로 관찰 평가.
4. 평가점수가 60점 미만이면 피드백 대상이며 부족한 부분에 대해서 보충교육 수행.

(절취선)

학습과제

6

테브난과 노턴의 등가회로

학습 개요

학습 과제 명	테브난과 노턴의 등가회로
학습 목표	- 복잡한 회로를 하나의 전압 원과 직렬저항 및 하나의 전류 원과 병렬저항으로 간략화하는 회로 해석법을 익힌다.
현장 적용 예	- 회로 설계 시 전압 및 전류의 용량 산출 - 전기설비의 확충 연결 시 설계에 반영
수행 준비물	- 필기도구 - 계산기 - 수행 결과 기록지
소요 시간	90분~120분
수행 시 유의사항	- 수행에 사용할 부품의 규격에 착오가 없는지 확인한다. - 반드시 준비 작업이나 회로구성이 끝난 뒤 전원을 넣는다(켠다). - 조 단위로 수행 시에는 상호 착오가 없는지 교차 점검한다. - 기기의 사용은 사용법을 숙지한 상태에서 행한다. - 수행 완료 후 부품 및 기기는 제 위치에 철저히 정리해 놓는다.

1 필요지식

6.1 테브난의 등가회로

그림 6.1(a) 회로의 직류 저항회로는 그림 6.1(b)와 같이 테브난의 등가 전압 원과 직렬저항으로 간단히 고쳐 해석할 수 있다. 이 때의 등가 전항 R_{TH}와 등가 전압 원 V_{TH}는 아래와 같다. 여기서 V_{TH}는 a, b단자를 개방할 때 a, b단자에 걸리는 전압, R_{TH}는 회로 내의 모든 전압을 제거(단락)시키고 a, b단자에서 회로 쪽으로 본 저항이다.

$$R_{TH} = (R_1 + R_2)//R_3 = \frac{(R_1 + R_2)R_3}{(R_1 + R_2) + R_3} \tag{6.1}$$

$$V_{TH} = \frac{R_3}{(R_1 + R_2) + R_3} \times V \tag{6.2}$$

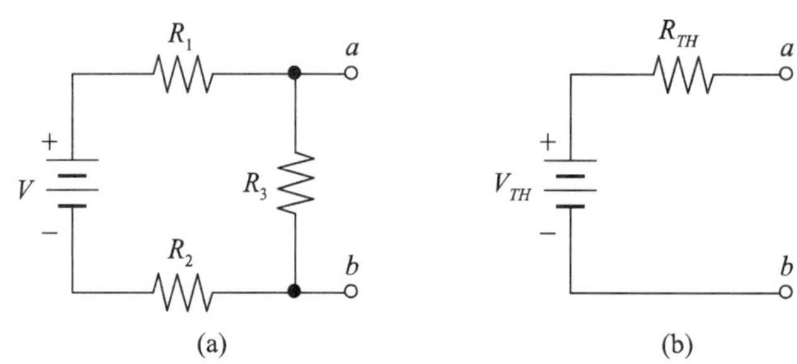

그림 6.1 테브난의 등가회로

만일 그림 6.1(b) 회로의 출력단자에 부하저항 R_L을 연결한 그림 6.2 회로에서 전류 I는 식 (6.3)과 같다.

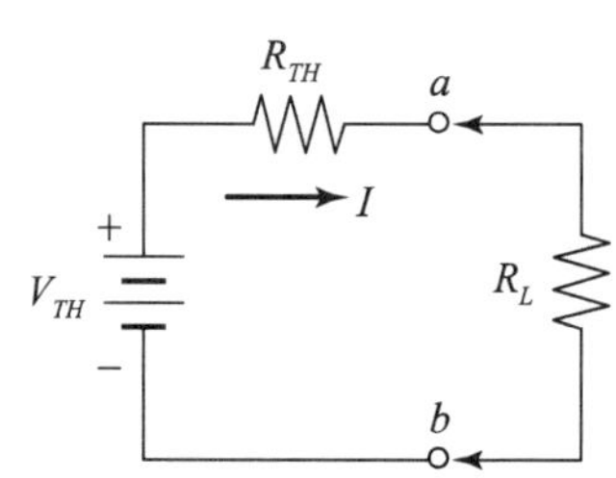

그림 6.2 테브난의 등가회로

$$I = \frac{V_{TH}}{R_{TH} + R_L} \tag{6.3}$$

6.2 노턴의 등가회로

복잡한 회로망을 그림 6.3과 같이 하나의 전류 원 I_N과 병렬로 연결된 하나의 저항 R_N으로 바꾼 것이 노턴의 등가회로이다. a, b단자를 단락(short)시켰을 때의 전류가 I_N이다. 그림 6.1(a)와 같은 회로를 노턴의 등가회로로 바꾼 경우에 $R_{TH} = R_N$, $I_N = V_{TH}/R_{TH}$가 된다(그림 6.2).

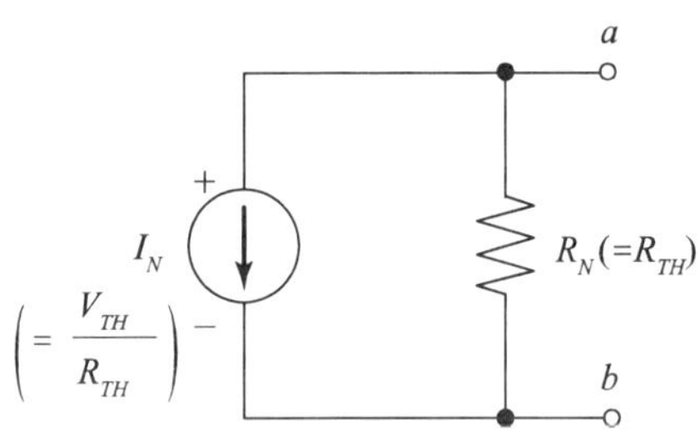

그림 6.3 노턴의 등가회로

6.3 전압 원과 전류 원의 상호변환

전압 원을 전류 원으로, 전류 원을 전압 원으로 서로 변환하기 위해 테브난과 노턴의 등가회로를 이용하면 편리하다. 아래의 관계식은 상호 변환에 유익하게 사용할 수 있다.

$$V_{TH} = I_N \times R_N \tag{6.4}$$

$$I_N = \frac{V_{TH}}{R_{TH}} \tag{6.5}$$

2 소요 기기 및 재료

구 분	명 칭	규 격	수 량
소요 기기	1. 직류 안정화 전원장치	0~30 V, 1 A	1
	2. 테스터	아날로그(VOM) 또는 디지털(DMM)	1
	3. 브레드 보드 또는 전용 실습장치(Trainer)	82×55 mm 이상	1
소요 재료	1. 저항	100 Ω, 1/4 W 1 kΩ, 〃 1.5 kΩ, 〃	3 4 2
	2. 단심 연결선	0.6 Φ, 3~5 cm	4~6

3 과제 수행 순서

1. 그림 6.4 회로에서 ⓐ, ⓑ에 부하를 연결하지 않았을 때의 전압 V_{TH}, 전압 10 V를 제거하고 R_1을 ⓑ와 단락시켰을 때 측정한 R_{TH}와 ⓐ, ⓑ에 부하를 연결하였을 때(이때는 10 V 연결)의 부하전류 I_L을 측정하여 표 6.1에 기입하시오.

(* 500 Ω 대신 1 kΩ 2개 병렬연결)

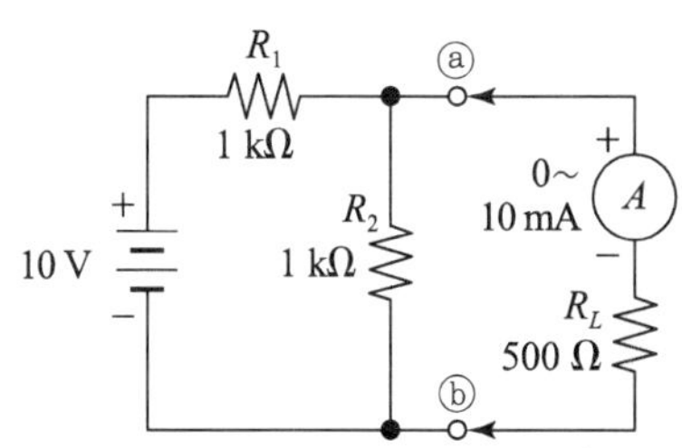

그림 6.4 부하전류 측정회로

표 6.1

구 분	I_L	R_{TH}	V_{TH}
계산			
측정			

2. 그림 6.4 회로에서 부하를 연결하지 않았을 때의 R_{TH}, V_{TH}와 부하 연결 시의 부하전류 I_L을 계산하여 표 6.1에 기입한 뒤 그림 6.5와 같이 회로를 구성한 측정전류를 표 6.1의 해당란에 기입하시오.

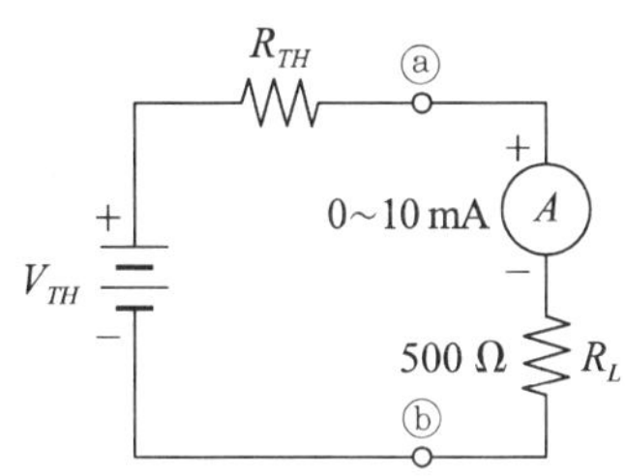

그림 6.5 테브난의 등가회로

3. 그림 6.6(a) 회로를 단계적인 테브난의 등가회로로 정리한 그림 6.6(b), (c), (d)에서 R_A, R_B, R_{TH}와 V_A, V_B, V_{TH}, I_L을 계산으로 구하여 표 6.2에 기입하시오.

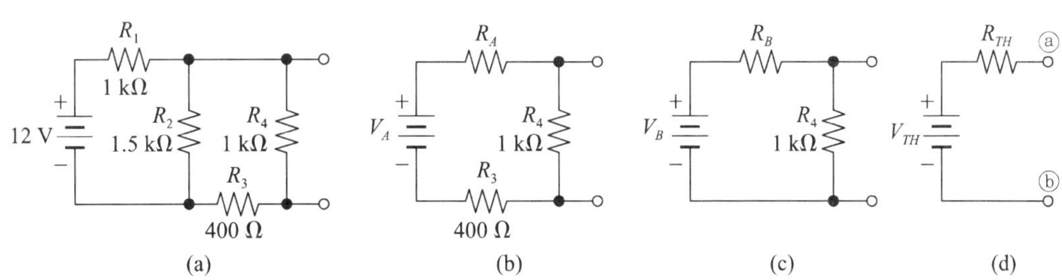

그림 6.6

표 6.2

$R_A(\Omega)$	$R_B(\Omega)$	$R_{TH}(\Omega)$	V_A(V)	V_B(V)	V_{TH}(V)	I_L(계산/측정)(mA)
						( )/( )

4. 그림 6.6(d) 회로에 계산으로 구한 V_{TH}, R_{TH}와 부하저항 $R_L = 500\,\Omega$을 연결한 그림 6.7 회로에서 계산전류와 측정전류 I_L을 표 6.2의 해당란에 기입하시오. (* 500 Ω → 1 kΩ 2개 병렬연결)

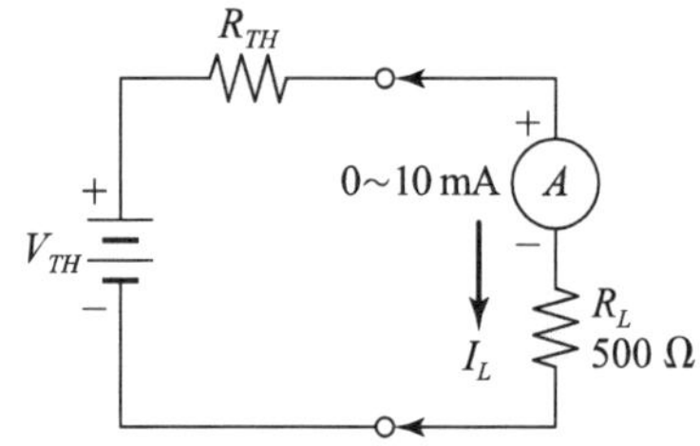

그림 6.7 테브난의 등가회로에 의한 부하전류 측정회로

5. 그림 6.8(a)의 전류 원 회로를 전압 원 회로(그림 6.8(b))로 변환한 전압 V와 노턴 저항 R의 값을 표 6.3에 기입한 뒤 이들 값을 넣은 회로에 부하 R_L(1 kΩ)을 연결했을 때의 전류 I_L을 측정하여 표 6.3에 기입하시오. (* 500 Ω → 1 kΩ 2개 병렬연결)

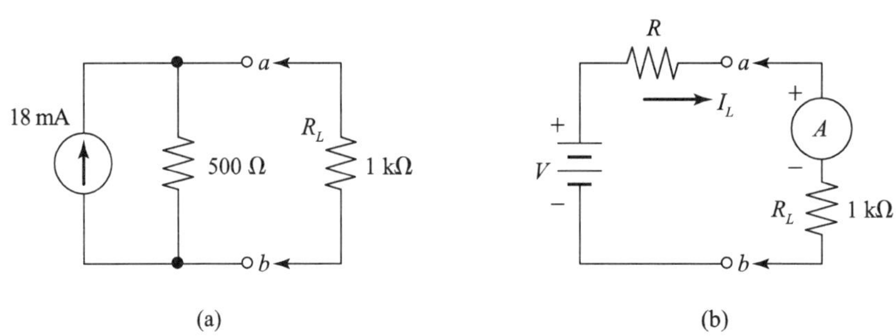

그림 6.8 전류 원의 전압 원 변환

표 6.3

V(V)	R(Ω)	I_L(mA)

6. 그림 6.9(a) 회로를 단계적으로 테브난과 노턴의 등가회로를 적용하여 정리한 그림 6.9(b), (c), (d)에서 R_A, R_B, R_N과 V_A, V_B, I_N을 계산으로 구하여 표 6.4에 기입하시오.

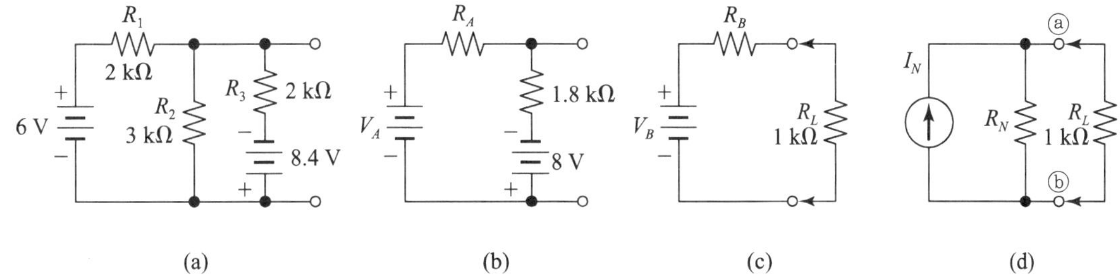

그림 6.9

표 6.4

$R_A(\Omega)$	$R_B(\Omega)$	$R_N(\Omega)$	V_A(V)	V_B(V)	I_N(mA)	I_L(계산/측정)(mA)
						(　　)/(　　)

7. 그림 6.9(c)와 같이 부하 R_L(1 kΩ)를 연결한 때의 부하전류 I_L을 계산으로 구하여 표 6.4에 기입하고 그림 6.10과 같이 전류계로 측정한 값을 역시 표 6.4의 해당란에 기입하시오. (* 3 kΩ → 1.5 kΩ 2개 직렬)

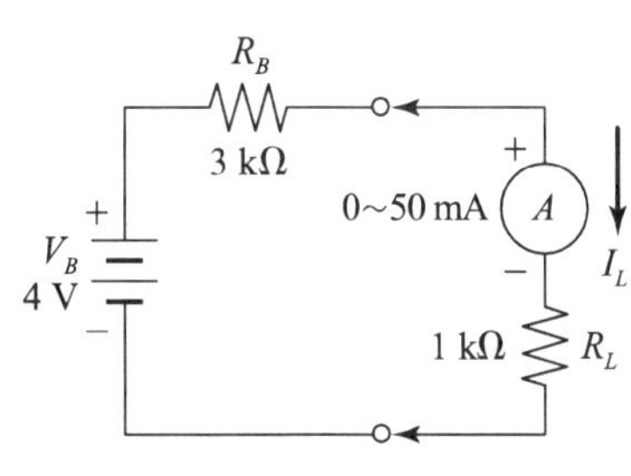

그림 6.10 테브난의 등가회로에 의한 부하전류 측정회로

8. 그림 6.11 회로에서 부하전류 I_L을 측정하여 표 6.5에 기입하시오. (* 200 Ω → 100 Ω 2개 직렬)

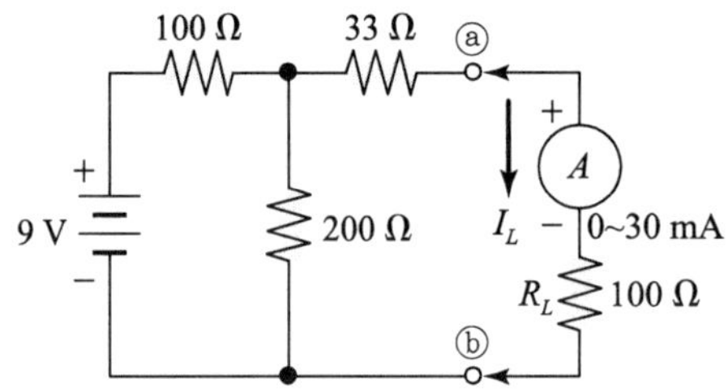

그림 6.11 부하전류 측정

표 6.5

V_{TH}(V)		R_{TH}(Ω)		측정 I_L(mA)	계산 I_L(mA)
계산	측정	계산	측정		

9. 그림 6.11 회로에서 R_L이 연결되지 않은 상태의 V_{TH}, R_{TH}와 R_L이 연결되었을 때의 I_L을 계산식으로 구하여 표 6.5에 기입하여 측정치 I_L과 비교해 적으시오.

수행 보고서

과제 6	테브난과 노턴의 등가회로	학번 :	성명 :

1. 수행 1~수행 8의 결과(표 6.1~표 6.5)를 적으시오.

표 6.1

구 분	I_L(mA)	$R_{TH}(\Omega)$	V_{TH}(V)
계산			
측정			

표 6.3

V(V)	$R(\Omega)$	I_L(mA)

표 6.2

$R_A(\Omega)$	$R_B(\Omega)$	$R_{TH}(\Omega)$	V_A(V)	V_B(V)	V_{TH}(V)	I_L(계산/측정)(mA)
						(　　)/(　　)

표 6.4

$R_A(\Omega)$	$R_B(\Omega)$	$R_N(\Omega)$	V_A(V)	V_B(V)	I_N(mA)	I_L(계산/측정)(mA)
						(　　)/(　　)

표 6.5

V_{TH}(V)		$R_{TH}(\Omega)$		측정 I_L(mA)	계산 I_L(mA)
계산	측정	계산	측정		

(절취선)

2. 수행 2에서 R_{TH}, V_{TH}의 계산내용(과정)을 적고 I_L의 계산값과 측정값을 비교해 적으시오.

3. 그림 6.8(a)에 전류분배식을 적용하여 부하 1 kΩ에 흐르는 전류를 계산한 값과 측정값이 일치하는지를 적으시오.

4. 수행 6에서 R_A, V_A와 R_B, V_B의 계산식을 적으시오.

5. 수행 7에서 부하저항을 750 Ω으로 했을 때의 I_L 계산값을 적으시오.

6. 그림 6.11 회로를 노턴의 등가회로로 변환하여 I_L을 구하는 계산식을 작성해보고 수행 8의 측정값과 일치하는지를 적으시오.

7. 테브난의 등가회로에서 $R_{TH} = R_L$일 때 R_L에 걸리는 전압은 공급전압의 몇 분의 1이 되는가를 적으시오.

자기 평가서

과제 6	테브난과 노턴의 등가회로	학번 :	성명 :

순번	학습내용	확실하게 이해	보통 이해	이해 미흡
1	R_{TH}, V_{TH} 구하는 법			
2	R_N, I_N 구하는 법			
3	테브난과 노턴의 등가회로에서 I_L 구하는 법			
4	테브난과 노턴의 등가회로 용도			
5	R_L의 변화에 따른 I_L의 변화			
6	계산값과 측정값의 오차발생 요인			
7	과제 수행 후 만족감(○표)	상	중	하

종합 소견 평 :

* 학생이 과제 수행을 마치고 학습내용에 대한 본인의 이해도를 스스로 평가함.

(절취선)

수행 평가서

과제 6	테브난과 노턴의 등가회로	학번 :	성명 :

내 용	반영률	A (아주 우수) 29/19/10	B (우수) 26/17/9	C (보통) 23/15/8	D (다소 부족) 19/13/7	E (아주 부족) 15/10/5	점수
수행 결과(표 6.1~6.5)	30 %						
자기평가와 수행평가의 일치성	20 %						
지식 표현능력 (수행 보고서 2, 3항)	10 %						
지식 응용능력 (수행 보고서 4, 5항)	10 %						
지식 연계능력 (수행 보고서 6, 7항)	10 %						
학습태도	20 %						
합 계							

종합 평가 :

* 지도교수의 평가서로 학생 평가, 피드백 및 차후 과제 진행에 참고자료로 활용.

** A, B, C, D 밑의 a/b/c는 반영률 30 %(a), 20 %(b), 10 %(c)의 백분율 점수.

(절취선)

평가 방법 및 조치

1. 자기평가와 수행평가의 일치성은 측정 데이터의 정확성과 수행 보고서를 근거로 판정.
2. 수행 보고서는 측정 데이터의 정확성을 위주로 평가.
3. 학습태도는 협동력, 집중도, 수행 자세, 정리 정돈을 중점적으로 관찰 평가.
4. 평가점수가 60점 미만이면 피드백 대상이며 부족한 부분에 대해서 보충교육 수행.

학습과제

7

Δ-Y 회로 상호변환

학습 개요

학습 과제 명	Δ-Y 회로 상호변환
학습 목표	- 전기회로 설계 시 복잡한 회로의 간략화 해석방법을 익힌다. - 3상 교류의 Δ 및 Y 결선에서 선간 및 상(相) 전류, 전압의 크기를 계산하는 방법에 이를 적용한다.
현장 적용 예	- 간략화 회로설계 - 3상 교류에서 Δ-Y 결선 해석 - 복잡한 배선의 단순화
수행 준비물	- 필기도구 - 계산기 - 수행 결과 기록지
소요 시간	90분~100분
수행 시 유의사항	- 수행에 사용할 부품의 규격에 착오가 없는지 확인한다. - 반드시 준비 작업이나 회로구성이 끝난 뒤 전원을 넣는다(켠다). - 조 단위로 수행 시에는 상호 착오가 없는지 교차 점검한다. - 기기의 사용은 사용법을 숙지한 상태에서 행한다. - 수행 완료 후 부품 및 기기는 제 위치에 철저히 정리해 놓는다.

1 필요지식

7.1 Δ, Y 회로

그림 7.1(a)와 같은 저항 결선회로를 π 또는 Δ형 회로, 그림 7.1(b)와 같은 결선회로를 T 또는 Y형 회로라 한다.

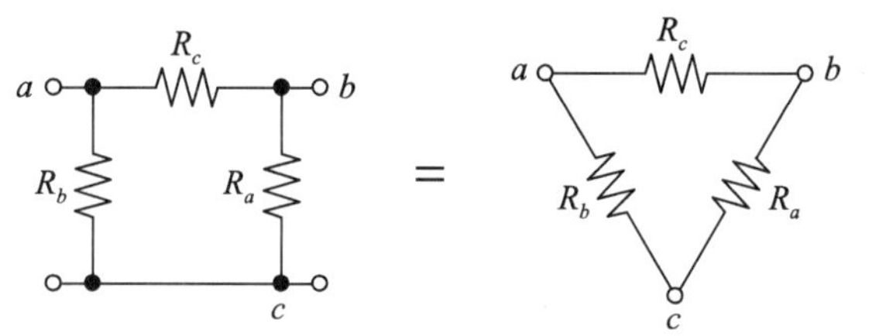

(a) π, Δ 회로

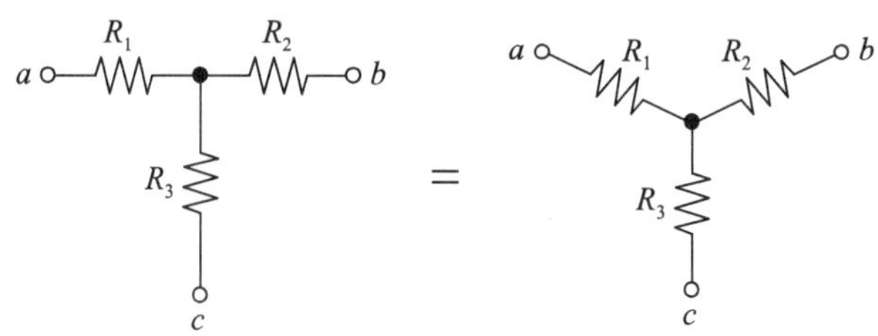

(b) T, Y 회로

그림 7.1 Δ, Y회로

Δ회로를 Y회로로, Y회로를 Δ회로로 변환할 때 그림 7.2(a)를 이용하면 편리하다. 바깥쪽(Δ회로)과 안쪽(Y회로) 둘을 벌려 놓은 것이 그림 7.2(b)이다.

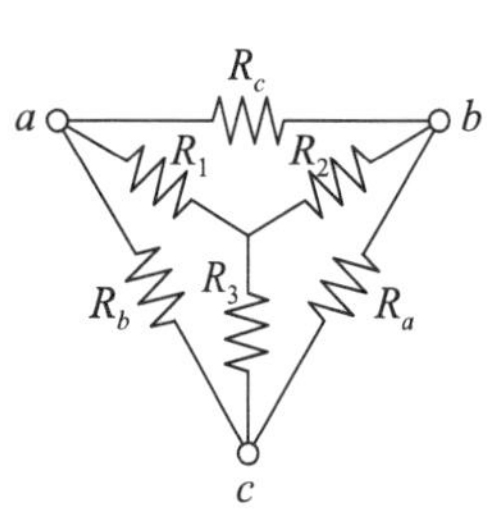

(a)

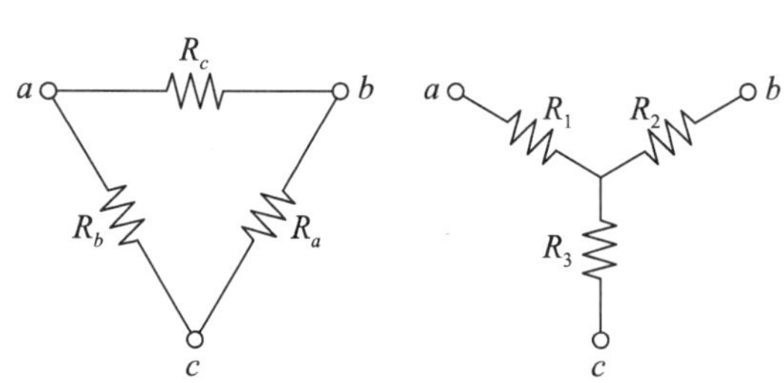

(b)

그림 7.2 등가 변환용 회로

회로가 서로 등가가 되기 위해서는 $a-b$단자, $b-c$단자, $c-a$단자에서 본 저항을 R_{ab}, R_{bc}, R_{ca}라 할 때 이들이 서로 같아야 한다. Δ형 회로에서는 저항이 병렬로, Y형 회로에서는 저항이 직렬로 연결되어 있으므로 아래와 같은 관계식을 얻을 수 있다.

$$R_{ab} = \frac{(R_a + R_b)R_c}{R_a + R_b + R_c} = R_1 + R_2 \tag{7.1}$$

$$R_{bc} = \frac{(R_b + R_c)R_a}{R_a + R_b + R_c} = R_2 + R_3 \tag{7.2}$$

$$R_{ca} = \frac{(R_c + R_a)R_b}{R_a + R_b + R_c} = R_1 + R_3 \tag{7.3}$$

위의 관계식을 풀면 $\Delta \rightarrow$Y변환과 Y$\rightarrow \Delta$변환식을 아래와 같이 구할 수 있다. 참고로 간단한 예를 들면 식 (7.4a)~식 (7.5c)로부터 Δ회로의 각 저항 값이 모두 1 Ω이라면 Y회로의 각 저항 값은 1/3 Ω이고, Y회로의 각 저항 값이 모두 1 Ω이라면 Δ회로의 각 저항 값은 3 Ω이 된다. Δ 쪽이 Y 쪽보다 3배가 크다.

$$R_1 = \frac{R_b R_c}{R_a + R_b + R_c} \tag{7.4a}$$

$$R_2 = \frac{R_c R_a}{R_a + R_b + R_c} \tag{7.4b}$$

$$R_3 = \frac{R_a R_b}{R_a + R_b + R_c} \tag{7.4c}$$

$$R_a = \frac{R_1 R_2 + R_2 R_3 + R_3 R_1}{R_1} \tag{7.5a}$$

$$R_b = \frac{R_1 R_2 + R_2 R_3 + R_3 R_1}{R_2} \tag{7.5b}$$

$$R_c = \frac{R_1 R_2 + R_2 R_3 + R_3 R_1}{R_3} \tag{7.5c}$$

그림 7.3(a)는 브리지 회로의 Δ-Y변환 적용 예인데 먼저 R_1, R_2, R_3의 Δ회로를 그림 7.3(b)와 같이 Y회로로 변환한 뒤 직·병렬회로를 풀면 그림 7.3(d)와 같이 하나의 저항회로로 간략화가 이루어진다.

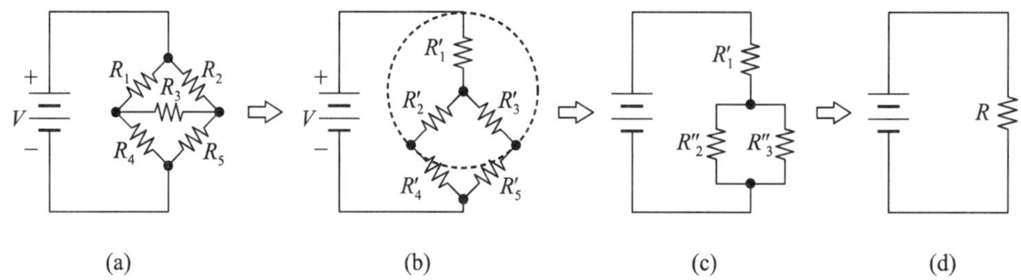

그림 7.3 브리지 회로의 등가 Δ-Y변환

7.2 3상 교류의 Δ, Y변환

3상 교류에서 전원이 Δ결선이고 부하가 Y결선일 때는 Y-Δ변환에 의해 부하 임피던스 Z_1, Z_2, Z_3를 Z_a, Z_b, Z_c로 Δ변환시키고, 전원이 Y결선이고 부하가 Δ결선일 때는 Δ-Y변환에 의해 부하 임피던스 Z_a, Z_b, Z_c를 Z_1, Z_2, Z_3로 Y변환시켜 회로를 해석한다.

2 소요 기기 및 재료

구 분	명 칭	규 격	수 량
소요 기기	1. 직류 안정화 전원장치	0~30 V, 1 A	1
	2. 테스터	아날로그(VOM) 또는 디지털(DMM)	1
	3. 브레드 보드 또는 전용 실습장치(Trainer)	82×55 mm 이상	1
소요 재료	1. 저항	100 Ω, 1/4 W	5
		220 Ω, "	1
		390 Ω, "	1
		560 Ω, "	1
		680 Ω, "	1
		1 kΩ, "	1
		1.5 kΩ, "	1
		2.2 kΩ, "	1
		6.8 kΩ, "	1
	2. 단심 연결선	0.6 Φ, 3~5 cm	4~6

3 과제 수행 순서

1. 그림 7.4(a) 회로를 $\Delta \rightarrow$ Y 변환하였을 때의 그림 7.4(b)의 R_1, R_2, R_3을 구하여 표 7.1에 기입하고 그림 7.4(b)의 직·병렬 합성저항을 구하여 그림 7.4(c)의 등가회로를 완성했을 때의 회로전류 I와 a, b 간의 전압 V_{ab}를 계산으로 구하여 표 7.1에 기입하시오. (* 그림 7.3 회로 참고)

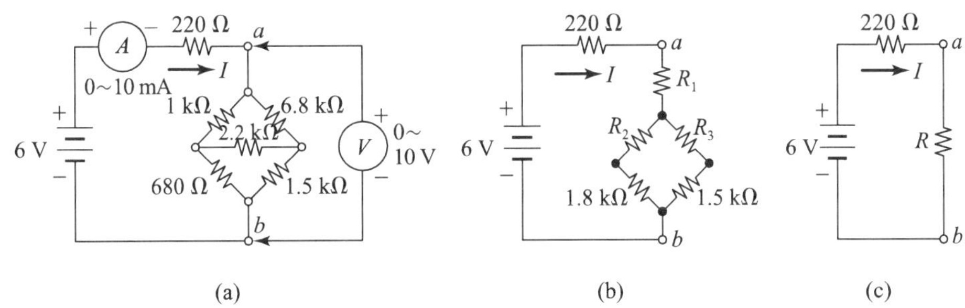

그림 7.4

표 7.1

$R_1(\Omega)$	$R_2(\Omega)$	$R_3(\Omega)$	계산 I(mA)	계산 V_{ab}(V)	측정 I(mA)	측정 V_{ab}(V)

2. 그림 7.4(c) 회로에서 전류 I와 a, b 간의 전압 V_{ab}를 측정하여 표 7.1에 기입하시오.

3. 그림 7.5 회로에서 전류 I를 측정하여 표 7.2에 기입하시오. (* 1.6 kΩ → 1.5 kΩ + 100 Ω으로 대체하고, 200 Ω → 100 Ω 2개 직렬로 연결하여 사용)

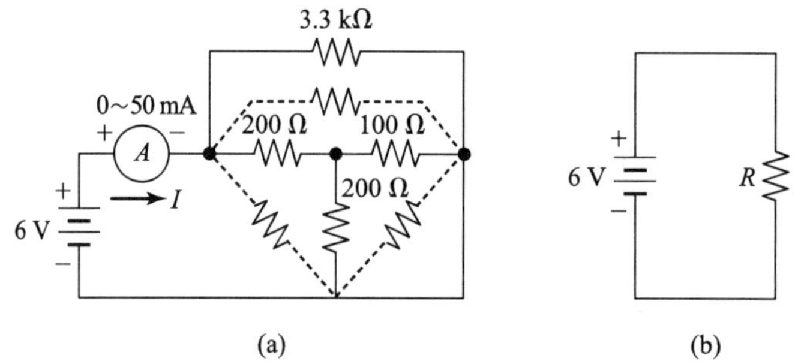

그림 7.5

표 7.2

측정 I(mA)	계산 $R(\Omega)$	계산 I(mA)

4. 그림 7.5(a)의 T(Y) 회로를 점선의 $\pi(\Delta)$회로로 변환한 뒤 그림 7.5(b)와 같은 최종 하나의 저항회로에서의 R 값과 옴의 법칙(V/R)으로 구한 I 값을 표 7.2에 기입하시오.

5. 그림 7.6 회로에서 Δ 내부의 Y저항회로를 Δ저항회로로 바꾼 그림 7.6(b)를 다시 그림 7.6(c) 회로로 간단히 하여 R 값을 구한 뒤 전류 I 값을 전류분배의 법칙을 이용해 구하여 적으시오.

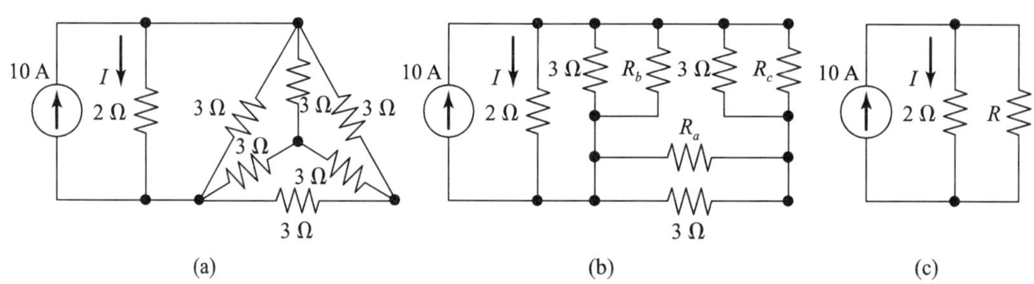

그림 7.6

6. Y회로의 모든 저항이 2 Ω이라면 등가인 Δ회로의 저항 1개의 값은 얼마인지를 계산식으로 구해 적으시오.

수행 보고서

과제 7	Δ-Y 회로 상호변환	학번 :	성명 :

1. 수행 1~수행 5의 결과(표 7.1, 표 7.2)를 적으시오.

표 7.1

$R_1(\Omega)$	$R_2(\Omega)$	$R_3(\Omega)$	계산 I(mA)	계산 V_{ab}(V)	측정 I(mA)	측정 V_{ab}(V)

표 7.2

측정 I(mA)	계산 $R(\Omega)$	계산 I(mA)

(절취선)

2. 수행 1, 2의 결과(표 7.1)로부터 전류 I의 측정값과 계산값이 일치하는지를 비교해서 적으시오.

3. 수행 3, 4의 결과(표 7.2)로부터 전류 I의 측정값과 계산값이 일치하는지를 비교하고 그렇지 않다면 그 이유가 무엇인지를 적으시오.

4. 수행 4에서 R과 I를 구하는 계산식을 적으시오.

5. 표 7.2에서 구한 I와 Y-Δ변환 등가회로를 이용하여 그림 7.5(a)에서 3.3 kΩ에 흐르는 전류를 구해서 적으시오.

6. 수행 5에서 전류 I를 구하는 계산식을 적으시오.

7. 수행 6에서 계산으로 구한 저항 값을 구하는 식을 적으시오.

자기 평가서

과제 7	Δ-Y회로 상호변환	학번 :	성명 :

순번	학습내용	확실하게 이해	보통 이해	이해 미흡
1	$\Delta(\pi)$, Y(T) 회로의 식별			
2	$\Delta \to$Y 변환 계산식			
3	Y$\to \Delta$ 변환 계산식			
4	그림 7.2(a)의 활용법			
5	$\Delta \leftrightarrow$Y 변환 후의 저항회로 간략화			
6	계산값과 측정값의 오차발생 요인			
7	과제 수행 후 만족감(○표)	상	중	하

종합 소견 평 :

* 학생이 과제 수행을 마치고 학습내용에 대한 본인의 이해도를 스스로 평가함.

(절취선)

수행 평가서

과제 7	Δ-Y회로 상호변환	학번 :	성명 :

내 용	반영률	A (아주 우수) 29/19/10	B (우수) 26/17/9	C (보통) 23/15/8	D (다소 부족) 19/13/7	E (아주 부족) 15/10/5	점수
수행 결과(표 7.1, 7.2)	30 %						
자기평가와 수행평가의 일치성	20 %						
지식 표현능력 (수행 보고서 4, 7항)	10 %						
지식 응용능력 (수행 보고서 3, 4항)	10 %						
지식 연계능력 (수행 보고시 2, 5항)	10 %						
학습태도	20 %						
합 계							

종합 평가 :

* 지도교수의 평가서로 학생 평가, 피드백 및 차후 과제 진행에 참고자료로 활용.

** A, B, C, D 밑의 a/b/c는 반영률 30 %(a), 20 %(b), 10 %(c)의 백분율 점수.

(절취선)

평가 방법 및 조치

1. 자기평가와 수행평가의 일치성은 측정 데이터의 정확성과 수행 보고서를 근거로 판정.
2. 수행 보고서는 측정 데이터의 정확성을 위주로 평가.
3. 학습태도는 협동력, 집중도, 수행 자세, 정리 정돈을 중점적으로 관찰 평가.
4. 평가점수가 60점 미만이면 피드백 대상이며 부족한 부분에 대해서 보충교육 수행.

학습과제

8

직류전력과 최대전력 전달

학습 개요

학습 과제 명	직류전력과 최대전력 전달
학습 목표	- 직류전력의 계산법과 정격전력의 개념을 익혀서 부품 선정 및 전기안전에 활용한다. - 최대전력 전달의 원리를 터득한다.
현장 적용 예	- 전기회로 설계 시 안정성을 고려한 전력용량 산출 - 전력산출에 의한 부품선정 - 전기기기나 설비의 전력용량 계산
수행 준비물	- 필기도구 - 계산기 - 수행 결과 기록지
소요 시간	90분~120분
수행 시 유의사항	- 수행에 사용할 부품의 규격에 착오가 없는지 확인한다. - 반드시 준비 작업이나 회로구성이 끝난 뒤 전원을 넣는다(켠다). - 조 단위로 수행 시에는 상호 착오가 없는지 교차 점검한다. - 기기의 사용은 사용법을 숙지한 상태에서 행한다. - 수행 완료 후 부품 및 기기는 제 위치에 철저히 정리해 놓는다.

① 필요지식

8.1 직류전력

직류전력은 직류전압과 직류전류의 곱이며 P로 표시하고 그 단위는 와트(W: Watt)이다.

$$P = VI\,(\mathrm{W}) \tag{8.1}$$

옴의 법칙을 적용하면 전력의 계산식은 아래와 같이 2개가 더 만들어진다.

$$P = I^2 R\,(\mathrm{W}) \tag{8.2}$$

$$P = \frac{V^2}{R}\,(\mathrm{W}) \tag{8.3}$$

8.2 전압분배와 전류분배회로에서의 전력

(1) 전압분배회로

그림 8.1 전압분배회로에서 R_1, R_2에서의 전력은 아래의 식과 같으며 저항의 크기에 비례한다.

$$P_1 = I^2 R_1\,(\mathrm{W}),\ P_2 = I^2 R_2\,(\mathrm{W}) \tag{8.3a, b}$$

$$\text{전체전력: } P = P_1 + P_2\,(\mathrm{W}) \tag{8.4}$$

$$P_1 = \frac{R_1}{R_1 + R_2} \cdot P\,(\mathrm{W}),\ P_2 = \frac{R_2}{R_1 + R_2} \cdot P\,(\mathrm{W}) \tag{8.5a, b}$$

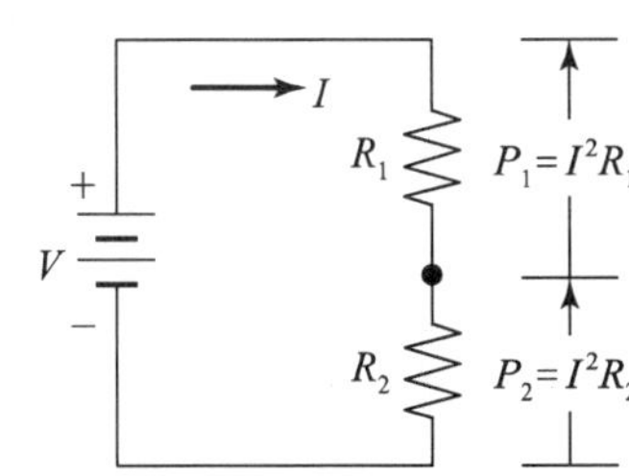

그림 8.1 전압분배회로의 전력

(2) 전류분배회로

그림 8.2의 전류분배회로에서 R_1, R_2에서의 전력은 아래의 식과 같다.

$$P_1 = \frac{V^2}{R_1}\ (\mathrm{W}),\ P_2 = \frac{V^2}{R_2}\ (\mathrm{W}) \tag{8.6a, b}$$

$$P_1 = I_1^2 R_1 = \left(\frac{R_2}{R_1+R_2}\cdot I\right)^2 \cdot R_1\ (\mathrm{W}),\ P_2 = I_2^2 R_2 = \left(\frac{R_1}{R_1+R_2}\cdot I\right)^2 \cdot R_2\ (\mathrm{W}) \tag{8.7a, b}$$

$$\frac{P_1}{P_2} = \frac{R_2}{R_1} \tag{8.8}$$

$$P = P_1 + P_2 = \left(\frac{1}{R_1} + \frac{1}{R_2}\right) V^2\ (\mathrm{W}) \tag{8.9}$$

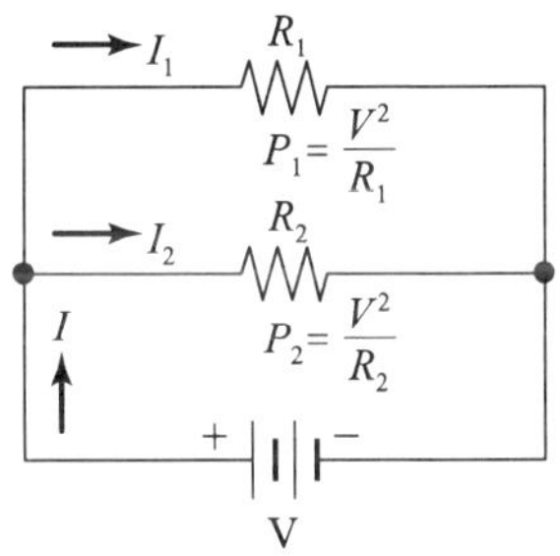

그림 8.2 전류분배회로의 전력

8.3 최대전력 전달

발전소로부터 선로전송, 배전의 단계를 거쳐 가정이나 공장에 또는 임의의 회로망에 전달되는 전력 손실을 최소화하고 최대전력이 전달되는 것은 경제적인 측면에서 매우 중요하다. 그림 8.3과 같이 임의의 회로망이 테브난의 등가회로로 변환되었을 때 회로망에서 부하 R_L에 전력이 최대로 전달되는 조건과 이때의 전력에 관한 식은 아래와 같다.

$$R_{TH} = R_L \tag{8.10}$$

$$P = \frac{V_{TH}^2 R_L}{(2R_L)^2} = \frac{V_{TH}^2}{4R_L}\ (\mathrm{W}) \tag{8.11}$$

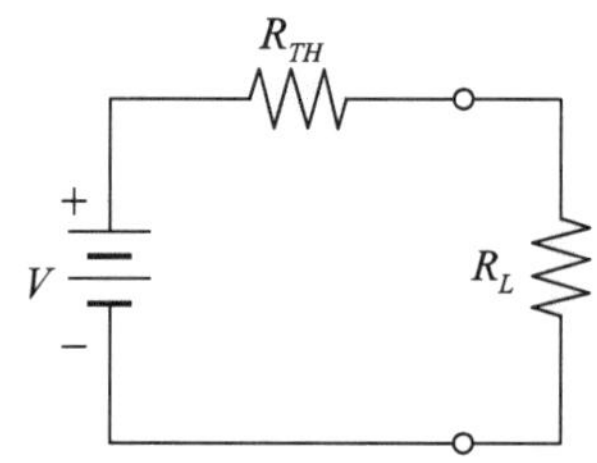

그림 8.3 테브난의 등가회로에서의 최대전력

8.4 부품 사용 및 선정 시의 전력 고려사항

(1) 부품 사용 시는 사용 전류와 전압에 의해 산출된 전력보다 20 %~50 % 여유가 있게 책정하여 사용하는 것이 안전하다.

(2) 전기설비나 회로 시스템에서 큰 전류에 의한 부품 손상이 염려되는 경우는 필히 정격 퓨즈를 사용한다.

(3) 가변저항 사용 시 저항이 최소로 되었을 때 과도한 전류가 흐르는 회로구성일 때는 그림 8.4(b)와 같이 VR에 직렬로 VR보다 작은 전류 제한용 안전저항을 사용하는 것이 바람직하다. 예컨대 그림 8.4(a)에서 VR이 최소일 때 최대전류 I_m이 1 A인데 VR의 정격전류가 0.2 A밖에 안된다면 적절한 R_s값을 계산하여 회로전류를 0.2 A로 제한한다.

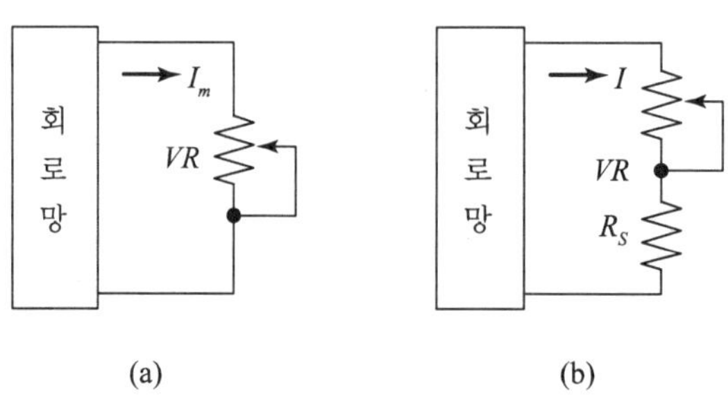

그림 8.4 직렬 안전저항

(4) 전자회로에 많이 사용되는 탄소필름저항은 전력규격이 $\frac{1}{8}(=0.125)$ W, $\frac{1}{4}(=0.25)$ W, $\frac{1}{2}(=0.5)$ W 등이 사용되고 있으나 하위 규격을 2개 직렬 또는 병렬로 사용하면 정격전력을 높일 수 있다. 예컨대 100 Ω, 1/2 W 대신 200 Ω 2

개를 병렬로 사용하면 합성저항은 100 Ω으로 같게 되지만 개별저항의 전력은 1/4 W로 줄므로 사용 정격전력을 2배 높일 수 있다. 50 Ω, 1/8 W 저항 2개를 직렬로 사용하면 2개의 합성저항은 100 Ω으로 같게 되면서 전체전력은 1/2 W로 같게 된다.

2 소요 기기 및 재료

구 분	명 칭	규 격	수 량
소요 기기	1. 직류 안정화 전원장치	0~30 V, 1 A	1
	2. 테스터	아날로그(VOM) 또는 디지털(DMM)	1
	3. 브레드 보드 또는 전용 실습장치(Trainer)	82×55 mm 이상	1
소요 재료	1. 저항	15 Ω, 1/4 W 100 Ω, 〃 390 Ω, 〃 1 kΩ, 〃	1 5 1 3
	2. 단심 연결선	0.6 Φ, 3~5 cm	4~6

3 과제 수행 순서

1. 그림 8.5의 전압분배회로에서 전류계로 회로전류 I, 전압계로 R_2전압 V_{R2}를 측정하여 표 8.1에 기입하고 계산된 R_2의 전력 P_{R2}를 표 8.1에 기입하시오. (* 200 Ω 없을 시 100 Ω을 2개 직렬연결 사용)

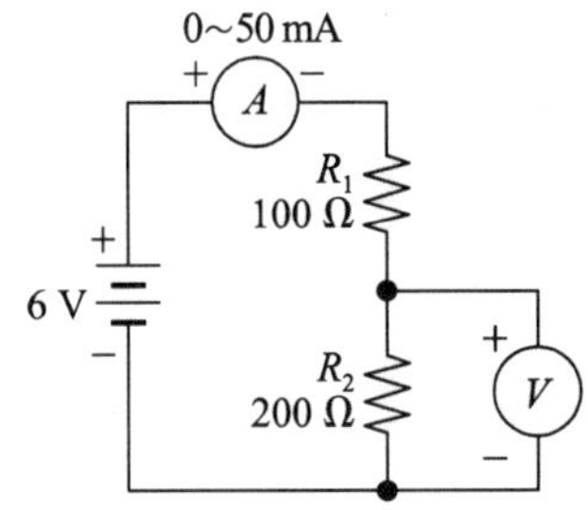

그림 8.5

표 8.1

측정 I(mA)	측정 V_{R2}(V)	계산 P_{R2}(mW)

2. 그림 8.6의 전압분배회로에서 ⓑ, ⓒ 간의 전압 V_{bc}를 측정하여 표 8.2에 기입하시오. (* $R_2 = 50\,\Omega$ 대신 100 Ω 2개를 병렬로 연결)

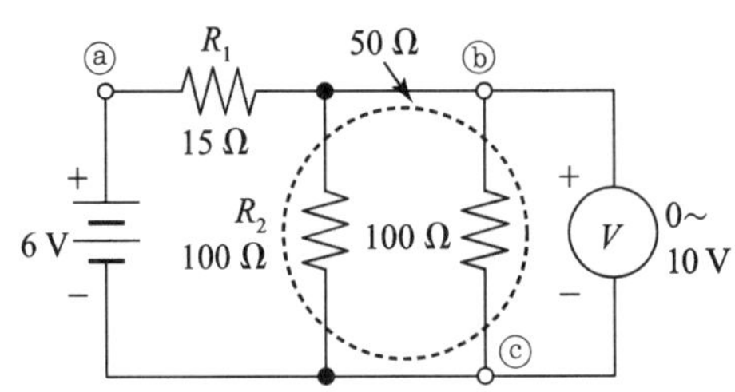

그림 8.6

표 8.2

측정 V_{bc}(V)	계산 V_{ab}(V)	P_{ab}(W)	P_{bc}(W)

3. 측정 V_{bc}로 V_{ab}를 구한 뒤 P_{ab}, P_{bc}의 계산값을 표 8.2에 기입하시오.

4. 그림 8.7의 전류분배회로에서 전류 I_1을 측정하여 표 8.3에 기입하시오.

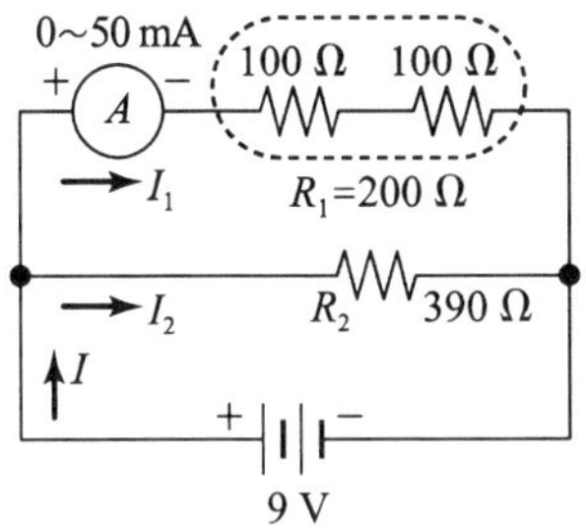

그림 8.7

표 8.3

I_1(mA)	I_2(mA)	P_1(W)	P_2(W)

5. 측정한 I_1으로 전류분배식에 의해 I_2를 구한 뒤 R_1, R_2의 전력 P_1, P_2를 계산하여 표 8.3에 기입하시오.

6. 그림 8.8(a)와 같은 6 V, 0.1 A 직류 램프회로에서 램프 대신 계산으로 구한 저항 R_2를 그림 8.8(b)와 같이 연결하였을 때의 전류 I_1과 $I(=I_1+0.1)$를 계산으로 구하여 표 8.4에 기입하시오. (* $I_2=0.1$ A)

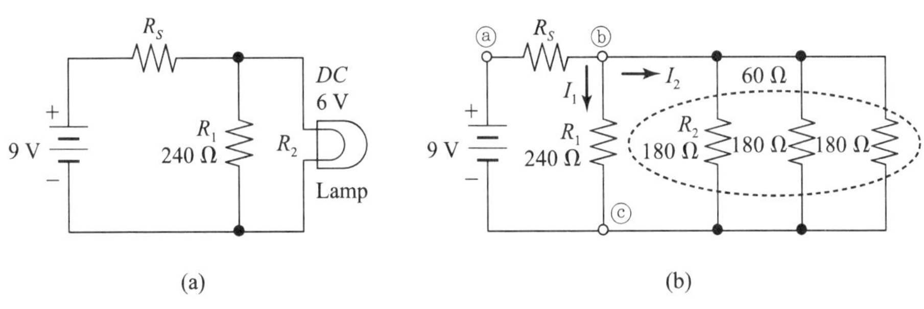

그림 8.8

표 8.4

계산 I_1(mA)	I_2(mA)	계산 I(mA)	R_s(W)	P_s(W)	P_1(W)	P_2(W)
	0.1					

7. ⓐ, ⓑ에 적절한 전압(9 V−6 V=3 V)이 걸리기 위한 저항 R_s를 계산으로 구하여 표 8.4에 기입하고 R_s, R_1, R_2에서의 전력 P_s, P_1, P_2를 계산으로 구하여 표 8.4에 기입하시오.

8. 그림 8.9 회로에서 최대 전력전달 실험을 위해 표 8.5에 기재된 저항 R을 차례로 연결한 뒤 그 양단에 걸리는 전압 V를 측정하여 표 8.5에 기입해 넣으시오.
(* 50 Ω → 100 Ω 2개 병렬연결, 200 Ω → 100 Ω 2개 직렬연결, 500 Ω → 1 kΩ 2개 병렬연결)

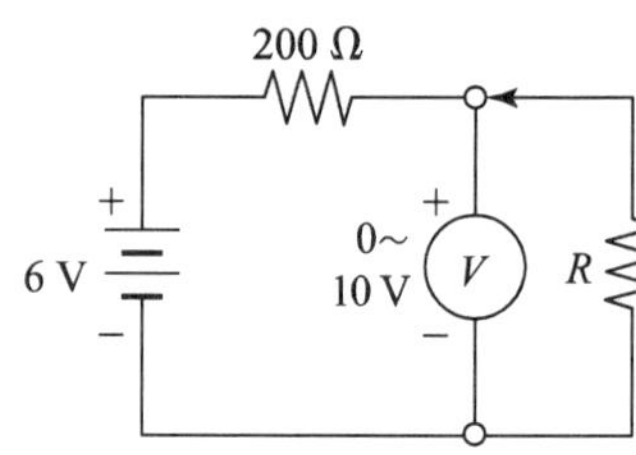

그림 8.9

9. 측정한 V와 R로 전력 P_R을 계산하여 표 8.5에 기입하시오.

표 8.5

구 분	50(Ω)	100(Ω)	200(Ω)	500(Ω)	1(kΩ)
측정 V(V)					
계산 P_R(mW)					

수행 보고서

과제 8	직류전력과 최대전력 전달	학번 :	성명 :

1. 수행 1~수행 8의 결과(표 8.1~표 8.5)를 적으시오.

표 8.1

측정 I(mA)	측정 V_{R2}(V)	계산 P_{R2}(mW)

표 8.2

측정 V_{bc}(V)	계산 V_{ab}(V)	P_{ab}(W)	P_{bc}(W)

표 8.3

I_1(mA)	I_2(mA)	P_1(W)	P_2(W)

표 8.4

계산 I_1(mA)	I_2(mA)	계산 I(mA)	R_s(W)	P_s(W)	P_1(W)	P_2(W)
	0.1					

표 8.5

구 분	50(Ω)	100(Ω)	200(Ω)	500(Ω)	1(kΩ)
측정 V(V)					
계산 P_R(mW)					

2. 수행 1의 측정결과가 만일 잘못 나왔다고 가정한다면(0.1 W 또는 100 mW 이상) 그 착오 이유를 적으시오.

3. 수행 2의 P_{R2} 측정결과가 전압(6 V), 저항(100 Ω)을 대입하여 계산한 값과 일치하는지를 비교해서 적으시오.

4. 수행 4의 결과(표 8.3)에서 얻은 P_1, P_2의 합이 공급전압 9 V와 회로전류 $I(=I_1+I_2)$로 계산한 회로전력의 값과 일치하는지를 비교해서 적으시오.

5. 그림 8.6에서 $R_2=50\,\Omega$ 대신 100 Ω 2개를 병렬로 연결한 이유를 표 8.2에 근거해서 적으시오.

6. 수행 5에서 전류, 전압으로 표현한 P_1, P_2의 계산식을 적으시오.

7. 수행 5에서 구한 P_1, P_2의 데이터로 볼 때 그림 8.7에서 R_1, R_2의 전력규격(1/8 W, 1/4 W, 1/2 W 중)으로 얼마가 적합한지를 적으시오.

8. 수행 4, 5의 그림 8.7에서 $R_1=200\ \Omega$ 대신 100 Ω을 2개 직렬로 연결한 이유를 표 8.3을 근거로 해서 설명해보시오.

9. 수행 6, 7의 결과(표 8.4)로부터 각 저항(R_s, R_1, R_2)에 적합한 전력규격(1/8 W, 1/4 W, 1/2 W 중)을 적으시오.

10. 그림 8.8에서 램프 저항 R_2(60 Ω) 대신 120 Ω(1/4 W) 2개를 병렬로 연결한 이유는 무엇이라고 생각하는지 설명해보시오.

11. 수행 8의 회로(그림 8.9)에서 최대 전달 전력을 계산식으로 구하여 표 8.5와 비교하여 적으시오.

(절취선)

자기 평가서

과제 8	직류전력과 최대전력 전달	학번 :	성명 :

순번	학습내용	확실하게 이해	보통 이해	이해 미흡
1	전력을 구하는 식			
2	전압분배회로의 전력			
3	전류분배회로의 전력			
4	저항의 정격전력(전력규격)			
5	최대전력 전달의 조건			
6	계산값과 측정값의 오차발생 요인			
7	과제 수행 후 만족감(○표)	상	중	하

종합 소견 평 :

* 학생이 과제 수행을 마치고 학습내용에 대한 본인의 이해도를 스스로 평가함.

(절취선)

수행 평가서

과제 8	직류전력과 최대전력 전달	학번 :	성명 :

내 용	반영률	A (아주 우수) 29/19/10	B (우수) 26/17/9	C (보통) 23/15/8	D (다소 부족) 19/13/7	E (아주 부족) 15/10/5	점수
수행 결과(표 8.1~8.5)	30 %						
자기평가와 수행평가의 일치성	20 %						
지식 표현능력(수행 보고서 3, 4, 6, 11항)	10 %						
지식 연계능력(수행 보고서 2, 5, 7~10항)	20 %						
학습태도	20 %						
합 계							

종합 평가 :

* 지도교수의 평가서로 학생 평가, 피드백 및 차후 과제 진행에 참고자료로 활용.

** A, B, C, D 밑의 a/b/c는 반영률 30 %(a), 20 %(b), 10 %(c)의 백분율 점수.

(절취선)

평가 방법 및 조치

1. 자기평가와 수행평가의 일치성은 측정 데이터의 정확성과 수행 보고서를 근거로 판정.
2. 수행 보고서는 측정 데이터의 정확성을 위주로 평가.
3. 학습태도는 협동력, 집중도, 수행 자세, 정리 정돈을 중점적으로 관찰 평가.
4. 평가점수가 60점 미만이면 피드백 대상이며 부족한 부분에 대해서 보충교육 수행.

학습과제

9

RC 충·방전 회로

학습 개요

학습 과제 명	RC 충·방전 회로
학습 목표	- 충전 및 방전 회로의 원리를 이해하고 시정수에 따른 RC 충·방전 회로의 특성을 이해한다.
현장 적용 예	- 전자 타이머회로 - 점멸회로 - 파형 발생회로
수행 준비물	- 필기도구 - 계산기 - 수행 결과 기록지
소요 시간	90분~120분
수행 시 유의사항	- 수행에 사용할 부품의 규격에 착오가 없는지 확인한다. - 반드시 준비 작업이나 회로구성이 끝난 뒤 전원을 넣는다(켠다). - 조 단위로 실험 시에는 상호 착오가 없는지 교차 점검한다. - 기기의 사용은 사용법을 숙지한 상태에서 행한다. - 수행 완료 후 부품 및 기기는 제 위치에 철저히 정리해 놓는다.

① 필요지식

9.1 커패시터의 충전과 방전

그림 9.1은 RC 회로의 충전과 방전 동작을 설명하는 회로를 나타낸다. 그림 9.1(a)와 같이 스위치 S를 닫으면 공급전압의 +극성 쪽에서는 +전하가, −극성 쪽에서는 −전하가 그림 9.1(b)와 같이 커패시터 C 쪽으로 이동하여 일정시간이 지나고 나면 그림 9.1(c)처럼 전압 원을 제거해도 C 양단에는 전압 V가 걸려 있게 되며 이 현상을 충전(charge)이라 한다. C에 그림 9.1(d)와 같이 저항 R을 연결하면 C에 충전되어 있던 +전하와 −전하는 저항 양단으로 이동하여 열로 소모되어 버리며 이런 현상을 방전(discharge)이라 한다.

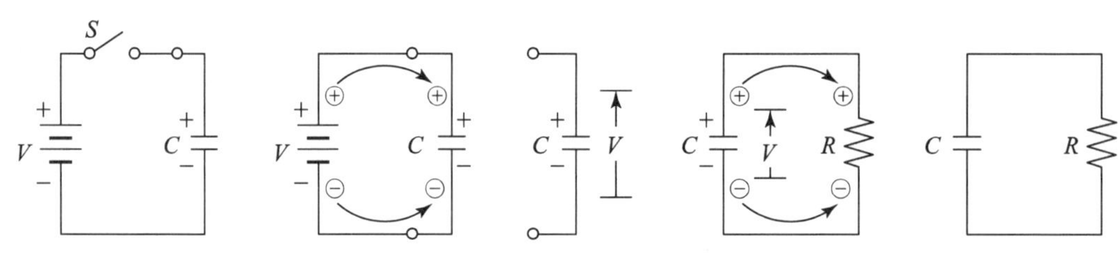

그림 9.1

9.2 *RC* 충·방전 회로

그림 9.2(a)는 RC 충전 회로이다. 스위치 S_2가 열린 상태에서 S_1이 닫히면 공급전압 V는 R을 통해서 C 쪽으로 충전이 시작된다. $R \times C\,[\mathrm{s}]$에 따른 전압의 변화곡선은 그림 9.3의 A와 같다. C에 충전되는 최종 전압은 공급전압 V와 같아진다. 반면 C가 충분히 충전된 상태에서 스위치 S_1을 열고 S_2를 닫으면 C에 충전되었던 전압 V_C는 R을 통해 방전이 시작되며 충전시간에 따른 방전곡선은 그림 9.3의 B와 같다.

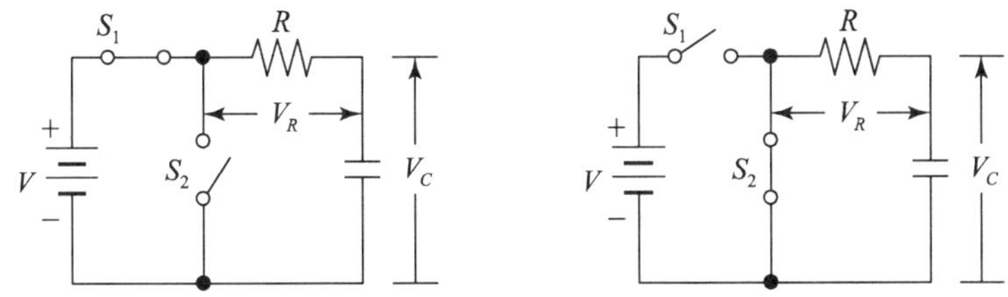

(a) 충전회로　　(b) 방전회로

그림 9.2 RC 충 · 방전 회로

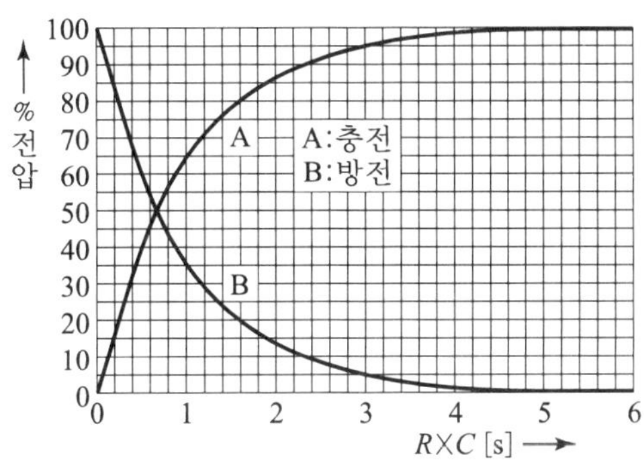

그림 9.3 RC 충 · 방전 곡선

9.3 *RC* 회로의 시정수

$R\times C$의 크기에 따라 충·방전 속도가 결정되며 이를 시정수(time constant) τ라 한다. 단위는 초(s)이다

$$\tau = RC\,[\mathrm{s}] \tag{9.1}$$

충전인 경우 $t = RC\,(\mathrm{s})$에서의 전압은 공급전압의 63.2 %, 방전인 경우는 36.8 %이며 그림 9.4는 이를 나타낸다. 표 9.1은 τ의 배수에 따른 충전율의 백분율(%)을 나타낸다. 일반적으로 $5\tau\,(\mathrm{s})$이면 거의 충전이 완료되었다고 간주한다.

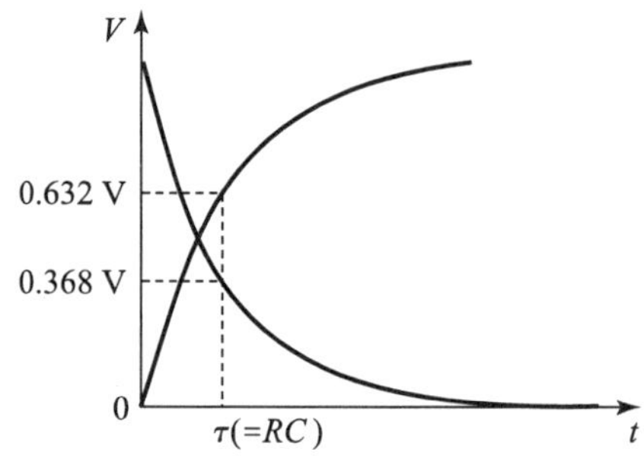

그림 9.4 RC 충 · 방전 곡선

표 9.1

구 분	τ	2τ	3τ	4τ	5τ	6τ	7τ
백분율(%)	63.2	86.5	95.0	98.2	99.3	99.8	99.9

C값이 큰(1000 μF~10000 μF) 전해 커패시터가 높은 전압으로 충전이 되어 있는 경우 사람이 두 리드 선에 손을 대면 감전이 되므로 안전을 위해 그림 9.5와 같이 절연 손잡이의 (−)드라이버로 두 리드 선을 단락시키면 불꽃이 튀면서 순간적으로 방전이 된다. 이것은 그림 9.2(b)에서 $R \fallingdotseq 0$이 되고 따라서 시정수 $RC \fallingdotseq 0$이 되므로 순간적인 방전이 이루어지기 때문이다.

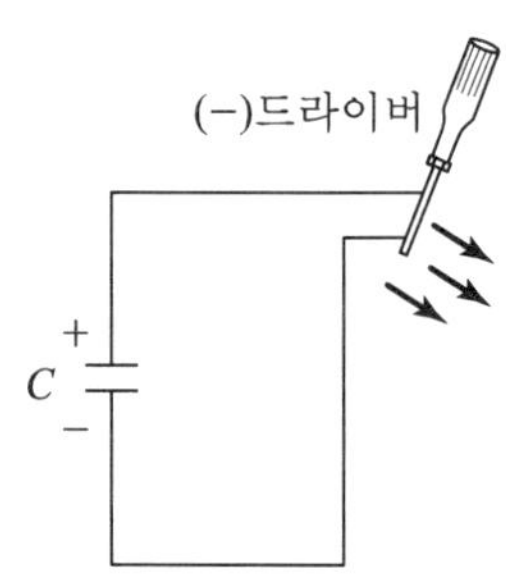

그림 9.5 순간적인 방전

2 소요 기기 및 재료

구 분	명 칭	규 격	수 량
소요 기기	1. 직류 안정화 전원장치	0~30 V, 1 A	1
	2. DC 전압계	VOM 또는 DMM	1
	3. 스톱워치	기계식 또는 전자식	1
	4. 브레드 보드 또는 전용 실습장치(Trainer)	82×55 mm 이상	1
소요 재료	1. 저항	100 Ω, 1/4 W 1 kΩ, " 1.2 kΩ, "	1 2 2
	2. 커패시터	전해, 1000 μF/16 V 전해, 10000 μF/16 V	1 1
	3. 푸시 스위치	DPDT	1
	4. 단심 연결선	0.6 Φ, 3~5 cm	4~6

3 과제 수행 순서

1. 그림 9.6의 RC 회로에서 시정수 $\tau = RC = 2\times10^3 \times 1000 \times 10^{-6} = 2\,[\mathrm{s}]$이다. S_2가 열린 상태에서 스위치 S_1을 누르는(닫는) 순간부터 스톱워치를 누른 뒤 표 9.2에서의 시점(시간)에서 커패시터 전압 V_C를 측정하여 표 9.2의 충전란에 기입하시오.

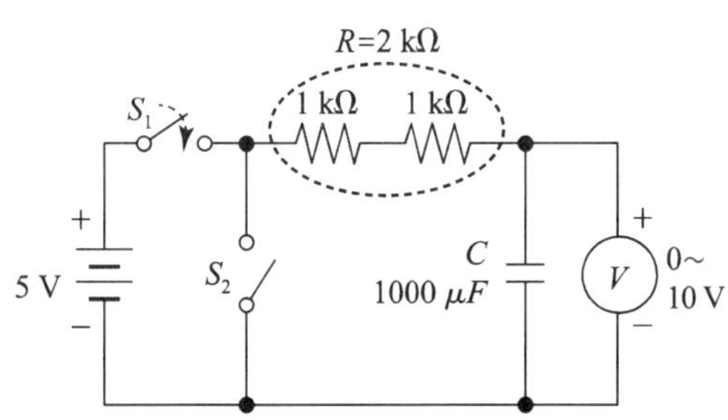

그림 9.6 RC 충전 회로

표 9.2

구 분		$\tau/2$(1s)	τ(2s)	2τ(4s)	3τ(6s)	4τ(8s)	5τ(10s)
V_C	충전						
	방전						

2. 그림 9.6 회로에서 닫혔던 S_1을 열고 S_2를 누르는(닫는) 순간부터 스톱워치를 누른 뒤 표 9.2에서의 시점에서 커패시터 전압 V_C를 측정하여 표 9.2의 방전란에 기입하시오.

3. S_2를 열고 다시 S_1을 눌러서(닫아서) C가 완전히 충전이 이루어진 상태에서 그림 9.5에서와 같이 전해 콘덴서 두 리드 선을 손잡이가 절연이 잘된 (−)드라이버로 단락시켜 전압의 변화와 순간적인 방전상태를 관찰하여 적으시오.

4. 그림 9.7(a) 회로를 테브난의 등가회로로 고친 뒤 C를 연결한 그림 9.7(b) 회로에서 C에 걸리는 전압 최종 충전전압 V_{C1}을 측정하여 표 9.3에 기입하시오.

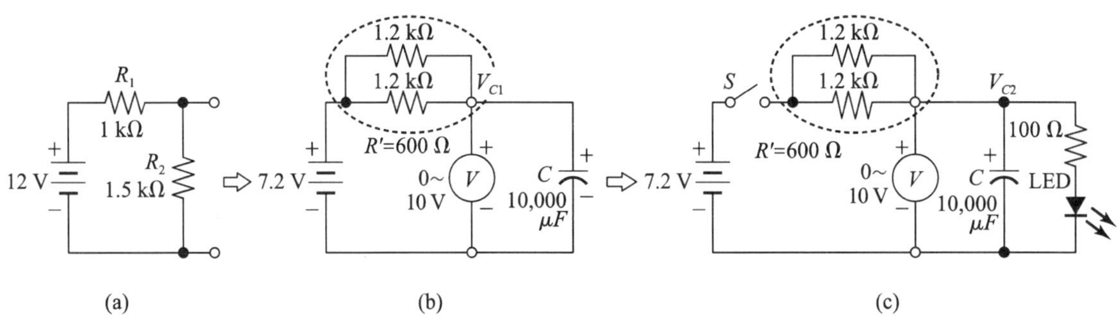

그림 9.7 RC 충전 회로와 LED

표 9.3

측정 V_{C1}(V)	V_{C2}(V)	$R_L(\Omega)$	$R''(\Omega)$	V(V)	계산 τ(s)	2τ(s)	V_{ON}(V)/t(s)
							/

5. 그림 9.7(c)와 같이 전류제한저항 100 Ω과 직렬로 LED를 C 양단에 연결한 뒤 C의 충전전압을 (−)드라이버로 방전시킨 뒤 스위치 S를 닫고서 약 10초 뒤의 최종 충전전압 V_{C2}를 표 9.3에 기입하시오.

6. 그림 9.8(a)에서 앞에서 측정한 V_{C2}를 활용하여 a, b 간의 합성저항(100 Ω+ LED저항) R_L을 전압분배식으로 구하여 표 9.3에 기입하시오.

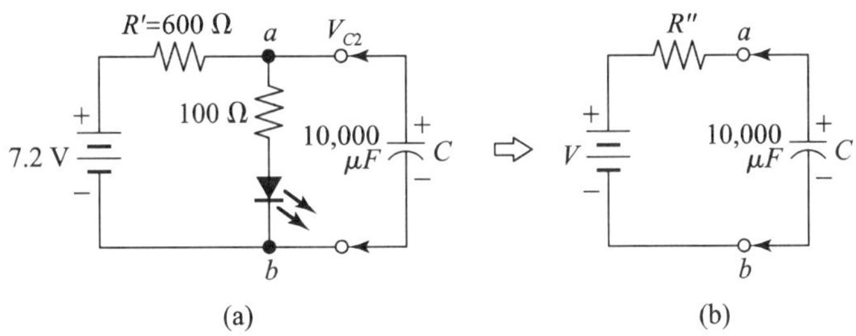

그림 9.8 테브난의 LED 등가회로

7. 그림 9.8(a)를 테브난의 등가회로로 고친 회로가 그림 9.8(b)이다. 앞서 구한 R_L을 이용하여 R'와 V를 계산으로 구하여 표 9.3에 기입하시오.

8. 위에서 구한 R'를 이용하여 $\tau = RC$를 계산으로 구하여 표 9.3에 기입하시오.

9. 그림 9.7(c)에서 스위치 S를 연 뒤 C 양단을 (−)드라이버로 단락시킨 뒤 다시 S를 닫고서 C 양단의 전압이 약 $0.86\,V_{C2}$되는 시점(2τ)의 시간을 스톱워치로 측정하여 표 9.3에 기입하시오.

10. 그림 9.7(c)에서 스위치 S를 연 뒤 C 양단을 (−)드라이버로 단락시킨 뒤 다시 S를 닫고서 LED가 켜지는 시점에서의 전압 V_{ON}과 시간을 스톱워치로 측정하여 표 9.3에 기입하시오.

수행 보고서

과제 9	RC 충 · 방전 회로	학번 :	성명 :

1. 수행 2~수행 10의 결과(표 9.2, 표 9.3)를 적어 보시오.

표 9.2

구 분		$\tau/2$(1s)	τ(2s)	2τ(4s)	3τ(6s)	4τ(8s)	5τ(10s)
V_C	충전						
	방전						

표 9.3

측정 V_{C1}(V)	V_{C2}(V)	$R_L(\Omega)$	$R''(\Omega)$	V(V)	계산 τ(s)	2τ(s)	V_{ON}(V)/t(s)
							/

2. 수행 1, 2 결과(표 9.1)로 개략적인 충 · 방전 특성곡선을 그리시오.

3. 수행 3의 관찰내용을 적으시오.

4. 수행 6에서 R_L을 구하는 계산식을 적으시오.

5. 수행 7에서 R'와 V의 계산식을 적으시오.

6. 수행 7에서 그림 9.8(b)의 테브난의 등가회로 변환 계산식을 적으시오.

7. 수행 8, 9의 결과(표 9.3)와 그림 9.8(a), (b)로부터 그림 9.7(c) 회로는 등가적으로 공급전압과 시정수가 얼마인 무슨 기능의(LED와 관련된) 회로라고 판단되는지를 적으시오.

자기 평가서

과제 9	RC 충·방전 회로	학번 :	성명 :

순번	학습내용	확실하게 이해	보통 이해	이해 미흡
1	RC 충·방전 회로의 동작원리			
2	시정수의 정의 및 식			
3	충·방전 시 시정수(시점)에서의 전압 값			
4	시정수에 따른 충·방전의 전압변화 특성			
5	RC 충·방전 회로의 활용에 대한 지식			
6	계산값과 측정값의 오차발생 요인			
7	과제 수행 후 만족감(○표)	상	중	하

종합 소견 평 :

* 학생이 과제 수행을 마치고 학습내용에 대한 본인의 이해도를 스스로 평가함.

(절취선)

수행 평가서

과제 9	RC 충·방전 회로	학번 :	성명 :

내 용	반영률	A (아주 우수) 29/19/10	B (우수) 26/17/9	C (보통) 23/15/8	D (다소 부족) 19/13/7	E (아주 부족) 15/10/5	점수
수행 결과(표 9.2, 9.3)	30 %						
자기평가와 수행평가의 일치성	20 %						
지식 표현능력 (수행 보고서 2, 3항)	10 %						
지식 표현능력 (수행 보고서 4, 6항)	10 %						
지식 연계능력 (수행 보고서 5, 7항)	10 %						
학습태도	20 %						
합 계							
종합 평가 :							

* 지도교수의 평가서로 학생 평가, 피드백 및 차후 과제 진행에 참고자료로 활용.

** A, B, C, D 밑의 a/b/c는 반영률 30 %(a), 20 %(b), 10 %(c)의 백분율 점수.

평가 방법 및 조치

1. 자기평가와 수행평가의 일치성은 측정 데이터의 정확성과 수행 보고서를 근거로 판정.
2. 수행 보고서는 측정 데이터의 정확성을 위주로 평가.
3. 학습태도는 협동력, 집중도, 수행 자세, 정리 정돈을 중점적으로 관찰 평가.
4. 평가점수가 60점 미만이면 피드백 대상이며 부족한 부분에 대해서 보충교육 수행.

(절취선)

학습과제

10

정현파 교류

학습 개요

학습 과제 명	정현파 교류
학습 목표	- 대표적인 교류파형인 정현파의 최댓값, 순시값, 평균값, 피크-피크 값 등의 정의와 환산법을 익힌다. - 주기, 주파수 측정법과 환산법을 익힌다.
현장 적용 예	- 전기회로 설계 시 - AC-DC 변환기(정류기) - 직류, 교류 전압계 - 오실로스코프에 의한 전압, 주파수의 측정
수행 준비물	- 필기도구 - 계산기 - 수행 결과 기록지
소요 시간	90분~120분
수행 시 유의사항	- 수행에 사용할 부품의 규격에 착오가 없는지 확인한다. - 반드시 준비 작업이나 회로구성이 끝난 뒤 전원을 넣는다(켠다). - 조 단위로 실험 시에는 상호 착오가 없는지 교차 점검한다. - 기기의 사용은 사용법을 숙지한 상태에서 행한다. - 수행 완료 후 부품 및 기기는 제 위치에 철저히 정리해 놓는다.

1 필요지식

10.1 정현파 교류 전압의 파형

그림 10.1은 정현파 교류 전압의 파형을 나타낸다. 0에서 T까지가 1주기이며 1사이클(cycle)이라고도 한다. 시간에 따라 전압이 증가하여 +의 가장 큰 값에 도달하며 이 값을 최댓값 V_m이라 한다. $+V_m$에서부터는 감소하기 시작하여 0을 거쳐서 −의 최댓값 $-V_m$에 도달한 뒤 다시 증가하여 0으로 도달할 때까지가 1주기이다. 이와 같은 주기를 반복하며 시간에 따라 변화하므로 교류전압은 $v(t)$로 표기하며 일반적으로 v로 표기하는 경우가 많다. 그림 10.1의 파형은 수학적으로 sine과 같으므로 그 일반식은 아래와 같이 나타내며 여기서 $\omega = 2\pi f$이며 이에 대해서는 뒤쪽에서 설명하기로 한다.

$$v(t) = V_m \sin\omega t \text{ (V)} \tag{10.1}$$

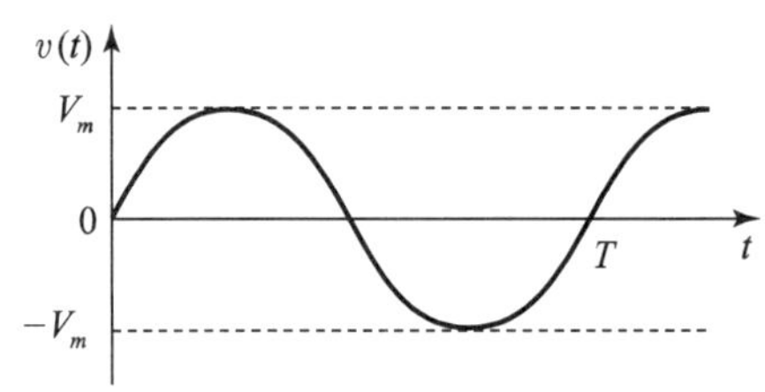

그림 10.1 정현파 교류 전압의 파형

10.2 평균값, 순시값, 실효값, 피크-피크 값

(1) 평균값

정현파의 평균값은 그림 10.2처럼 +반주기 동안 각 시점에서의 전압에 대한 평균값이며 그림에서 회색부이다. 그 값을 V_{av}라 할 때 최댓값 V_m으로 환산하면 아래와 같다.

$$V_{av} \fallingdotseq 0.637\, V_m \text{ (V)} \tag{10.2}$$

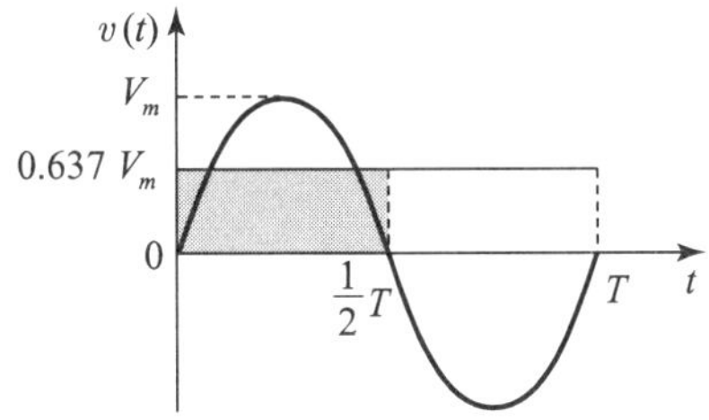

그림 10.2 정현파의 평균값

(2) 순시값과 실효값

그림 10.1이나 그림 10.2에서 각 시간에서의 전압 값을 순시값이라 하며 식 (10.1)에서의 t를 대입한 $v(t)$ 값을 말한다. 실효값은 순시값의 제곱의 평균의 평방근을 말하며 rms(root means square) 값이라고도 한다. 정현파 교류에서 실효값 V_{rms}는 최댓값의 $1/\sqrt{2}\,(\fallingdotseq 0.707)$이다. 교류의 실효값은 직류가 하는 것과 동등한 일을 하는 교류의 값을 일컫는다.

$$V_{\mathrm{rms}} \fallingdotseq 0.707\ V_m\ (\mathrm{V}) \tag{10.3}$$

(3) 피크-피크 값

피크-피크 값은 역기전력을 표시할 때 사용되며 $+V_m$에서 $-V_m$까지의 값으로 최댓값의 2배이며 v_{p-p}로 표기한다.

$$v_{p-p} = 2V_m\ (\mathrm{V}) \tag{10.4}$$

10.3 상호 환산 식

정현파 교류 값들의 상호 환산 식은 아래와 같다.

$$V_m \fallingdotseq 1.414\ v_{\mathrm{rms}} \tag{10.5a}$$

$$V_m \fallingdotseq 1.57\ V_{av} \tag{10.5b}$$

$$V_{\mathrm{rms}} \fallingdotseq 1.11\ v_{av} \tag{10.5c}$$

$$V_{av} \fallingdotseq 0.901\ v_{\mathrm{rm}} \tag{10.5d}$$

10.4 주기와 주파수

이미 앞서 주기에 대해서는 설명한 바 있지만 주파수(frequency) f는 1초(s)에 몇 주기가 나타나느냐를 나타낸 것이므로 아래와 같이 주기 T의 역수이며 그 단위는 헤르츠(Hz)이다.

$$f = \frac{1}{T}\ (\mathrm{Hz}) \tag{10.6}$$

정현파의 주파수 측정기로 주파수계(frequency counter)가 있지만 정밀한 경우가 아니면 오실로스코프로 주파수를 측정하는 경우가 많다. 이때는 이미 예비지식에서 설명했지만 time/div 위치에 따라 화면상에서의 주파수 레인지가 결정된다. 예컨대 그림 10.3에서는 time/div의 값이 0.1 ms이고 전체 화면이 10칸이므로 4사이클이 나타나면 1주기는 $(10 \times 0.1\ \mathrm{ms})/4 = 0.25\ \mathrm{ms}$이고 주파수는 $1/0.25\ \mathrm{ms} = 1000/0.25 = 4{,}000\ \mathrm{Hz} = 4\ \mathrm{kHz}$이다.

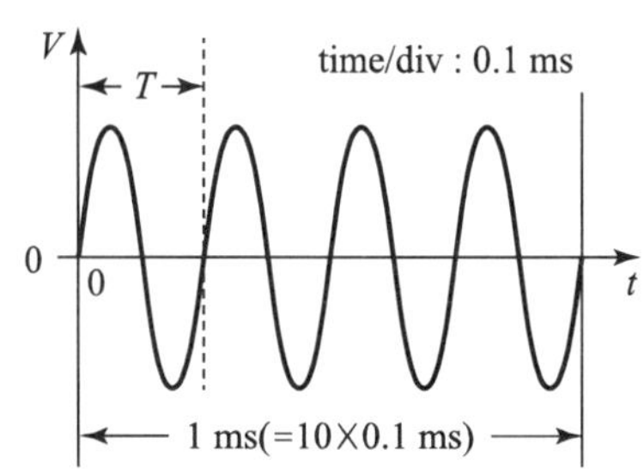

그림 10.3 정현파의 주파수

10.5 저항회로의 교류전류

저항회로의 정현파 교류회로는 그림 10.4(b)와 같다. 그림 10.4(a)의 직류회로와의 차이점은 직류전원 심벌과 전압, 전류를 V 대신 v, I 대신 i로 표기하는 점이 다르고 저항의 표기는 R로 같다. 전류 파형은 그림 10.4(c)와 같이 그 크기가 v/R로 변할 따름이다.

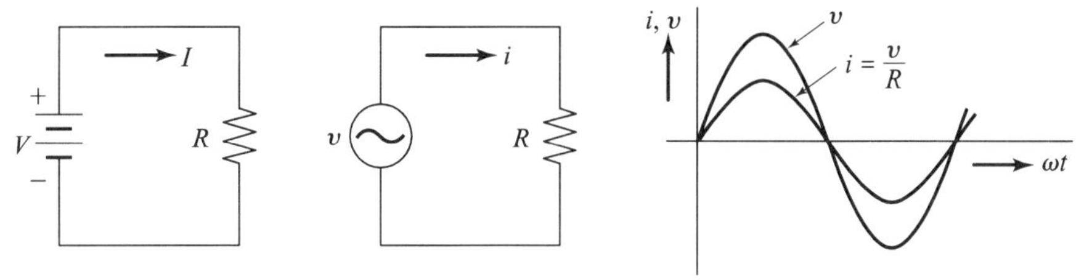

(a) 직류회로 (b) 교류회로 (c) v, i 파형

그림 10.4 R 회로의 교류전류

2 소요 기기 및 재료

구 분	명 칭	규 격	수 량
소요 기기	1. 오실로스코프(2ch)	아날로그 또는 디지털	1
	2. 브레드 보드 또는 전용 실습장치(Trainer)	82×55 mm 이상	1
소요 재료	1. 저항	100 Ω, 1/4 W 150 Ω, 〃 1 kΩ, 〃 1.5 kΩ, 〃	3 2 1 1
	2. 단심 연결선	0.6 Φ, 3~5 cm	4~6

3 과제 수행 순서

1. 그림 10.5(a)의 저항회로에서 입력단자 a, c에 정현파 신호발생기로 1 kHz 정현파 신호를 넣었을 때 출력단자 b, c의 출력파형을 오실로스코프로 관측하여 그림 10.5(b)의 그래프에 그려 넣으시오. 단, 측정 시 기준선(center line)을 가운데 선에 맞추고, volts/div, time/div.을 그래프 아래에 기록하시오.

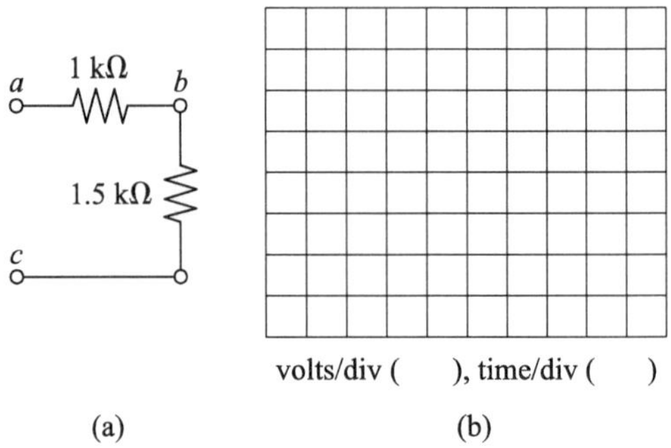

그림 10.5

2. 관측파형에 의한 최댓값 V_m, 실효값 V_{rms}, 평균값 V_{av}, 피크-피크 값 V_{p-p}을 표 10.1에 기입하시오.

표 10.1

V_m(V)	V_{rms}(V)	V_{av}(V)	V_{p-p}(V)	v(V)	i(mA)

3. 표 10.1에서 구한 데이터를 이용하여 교류전압의 순시값의 일반식 $v = V_m \sin\omega t$ 에서 $\omega t = 30°$일 때 즉 $\sin 30° = 1/2$일 때 v와 i의 순시값을 구하여 표 10.1의 해당란에 기입하시오.

4. 그림 10.6은 오실로스코프에 관측된 정현파 전압파형이다. time/div : 2 ms, volts/div : 0.5 V일 때 주파수와 최댓값을 적으시오.

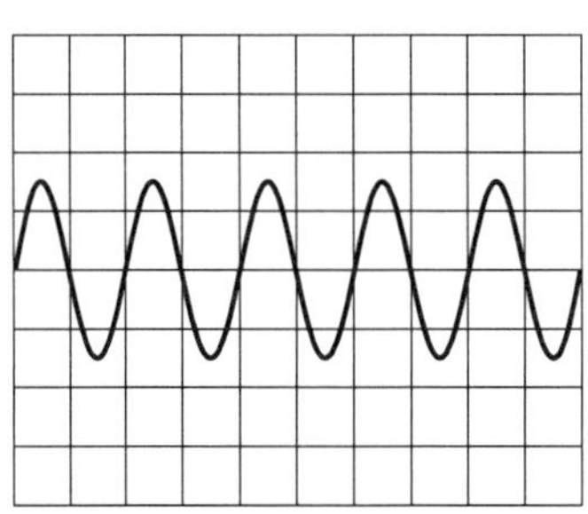

그림 10.6

5. 그림 10.6의 정현파 전압이 $R = 1.5\ \text{k}\Omega$인 저항회로에 가해졌을 때 흐르는 전류의 최댓값 I_m과 실효값 I_{rms}는 얼마인지 적으시오.

6. 그림 10.6의 정현파 전압이 그림 10.7과 같은 병렬저항에 가해졌을 때 회로전류가 $i = I_m \sin\omega t$ (mA)이면 i_1, i_2의 식은 어떻게 나타내어야 되는지 적으시오. 단, $I_m = V_m/R$, $R = R_1//R_2$, 전류분배식 이용.

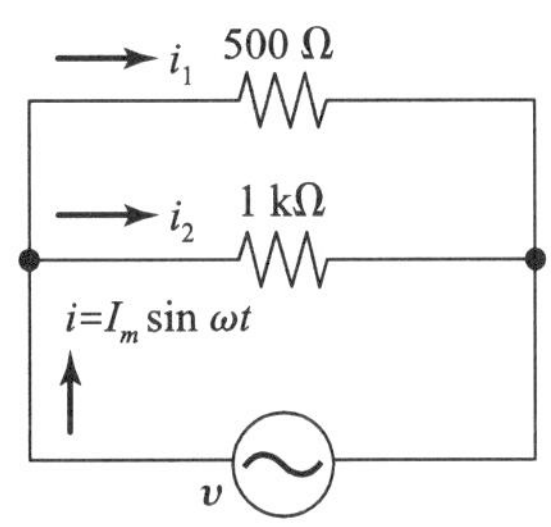

그림 10.7

7. 주파수가 1 kHz인 정현파 신호발생기의 임의 출력전압 v를 그림 10.8과 같은 저항회로에 가했을 때 R_1에 걸리는 최대전압 V_{m1}과 a, b에 걸리는 최대전압 V_{m2}를 측정하여 표 10.2에 기입하시오. (* 200 Ω 대신 100 Ω을 2개 직렬연결 사용. 300 Ω 대신 150 Ω을 2개 직렬연결 사용)

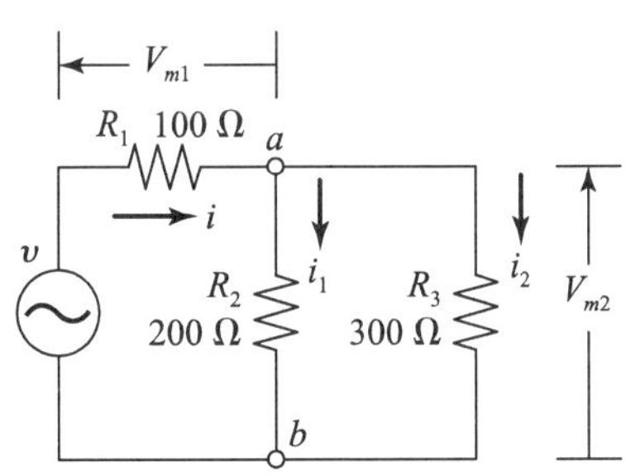

그림 10.8

표 10.2

V_{m1}(V)	V_{m2}(V)	I_{m1}(mA)	I_{m2}(mA)	I_{av1}(mA)	I_{av2}(mA)

8. 측정한 V_{m1}, V_{m2}를 이용하여 I_{m1}, I_{m2}와 I_{av1}, I_{av2}를 계산으로 구하여 표 10.2에 기입하시오.

수행 보고서

과제 10	정현파 교류	학번 :	성명 :

1. 수행 1~수행 8의 결과(표 10.1, 표 10.2)를 적어 보시오.

표 10.1

V_m(V)	V_{rms}(V)	V_{av}(V)	V_{p-p}(V)	v(V)	i(mA)

표 10.2

V_{m1}(V)	V_{m2}(V)	I_{m1}(mA)	I_{m2}(mA)	I_{av1}(mA)	I_{av2}(mA)

(절취선)

2. 수행 3에서 구한 v와 i의 계산식을 적으시오.

3. 수행 4에서 구한 전압의 평균값과 실효값을 적으시오.

4. 수행 5의 답(전류의 실효값)을 적으시오.

5. 수행 6의 i_1, i_2 표현식을 적으시오.

6. 수행 7에서 구한 V_{m1}, V_{m2}의 측정값이 계산값과 맞는지의 비교 계산식을 적으시오.

7. 수행 8의 I_m을 계산으로 구한 뒤 전류분배식으로 I_{m1}, I_{m2}를 구하여 측정결과(표 10.2)와 일치하는지를 비교하여 적으시오.

자기 평가서

과제 10	정현파 교류	학번 :	성명 :

순번	학습내용	확실하게 이해	보통 이해	이해 미흡
1	정현파 교류전압의 최댓값, 실효값			
2	정현파 교류전압의 평균값, 피크-피크 값			
3	정현파 최대전압과 실효전압의 상호 환산법			
4	오실로스코프에 의한 전압, 주파수 측정법			
5	저항회로에서 정현파 교류전압과 전류의 표현식			
6	계산값과 측정값의 오차발생 요인			
7	과제 수행 후 만족감(○표)	상	중	하

종합 소견 평 :

* 학생이 과제 수행을 마치고 학습내용에 대한 본인의 이해도를 스스로 평가함.

(절취선)

수행 평가서

과제 10	정현파 교류	학번 :	성명 :

내 용	반영률	A (아주 우수) 29/19/10	B (우수) 26/17/9	C (보통) 23/15/8	D (다소 부족) 19/13/7	E (아주 부족) 15/10/5	점수
수행 결과(표 10.1, 10.2)	30 %						
자기평가와 수행평가의 일치성	20 %						
지식 표현능력 (수행 보고서 3, 4항)	10 %						
지식 응용능력 (수행 보고서 5, 6항)	10 %						
지식 연계능력 (수행 보고서 7항)	10 %						
학습태도	20 %						
합 계							

종합 평가 :

* 지도교수의 평가서로 학생 평가, 피드백 및 차후 과제 진행에 참고자료로 활용.

** A, B, C, D 밑의 a/b/c는 반영률 30 %(a), 20 %(b), 10 %(c)의 백분율 점수.

평가 방법 및 조치

1. 자기평가와 수행평가의 일치성은 측정 데이터의 정확성과 수행 보고서를 근거로 판정.
2. 수행 보고서는 측정 데이터의 정확성을 위주로 평가.
3. 학습태도는 협동력, 집중도, 수행 자세, 정리 정돈을 중점적으로 관찰 평가.
4. 평가점수가 60점 미만이면 피드백 대상이며 부족한 부분에 대해서 보충교육 수행.

(절취선)

학습과제

11

R-L 회로

학습 개요

학습 과제 명	R-L 회로
학습 목표	- 정현파 교류 R-L 직렬 및 병렬회로의 리액턴스, 임피던스의 개념을 익힌다. - 전압, 전류의 위상관계를 벡터도로 이해한다.
현장 적용 예	- 전기회로 설계 및 해석 - 필터회로 - 릴레이 - 변압기
수행 준비물	- 필기도구 - 계산기 - 수행 결과 기록지
소요 시간	90분~120분
수행 시 유의사항	- 수행에 사용할 부품의 규격에 착오가 없는지 확인한다. - 반드시 준비 작업이나 회로구성이 끝난 뒤 전원을 넣는다(켠다). - 조 단위로 실험 시에는 상호 착오가 없는지 교차 점검한다. - 기기의 사용은 사용법을 숙지한 상태에서 행한다. - 수행 완료 후 부품 및 기기는 제 위치에 철저히 정리해 놓는다.

1 필요지식

11.1 정현파와 각속도

교류발전기는 균등자계속의 도체코일이 회전하면서 그 위치에 따라 sine 값 크기의 전압이 만들어지며 간단히 요약해서 나타낸 것이 그림 11.1이다. θ는 회전각도이며 그림 11.1(a)에서 반지름은 1이다. 1초(s)당 회전 각속도는 θ/s이며 1초당 한 바퀴를 회전할 경우에 한 바퀴는 원둘레에 해당하므로 각속도를 각도로 표시하면 360°/s이지만 원둘레로는 2π이다. 이때의 단위를 라디안(rad : radian)이라 하며 2π(rad)/s로 나타낸다. 주파수 f(Hz)는 1초에 f 사이클이므로 따라서 각속도는 $2\pi f$(rad)/s이다. 여기서 $2\pi f$를 ω로 나타낸다.

$$\omega = 2\pi f \tag{11.1}$$

그림 11.1(b)의 sine(정현)파형에서 시간 축이 ωt로 표시되어 있는데 이것은 회전원에서의 각도 θ 대신 라디안으로 나타낸 것이다. 표 11.1은 주요 각도와 라디안의 관계를 나타낸다.

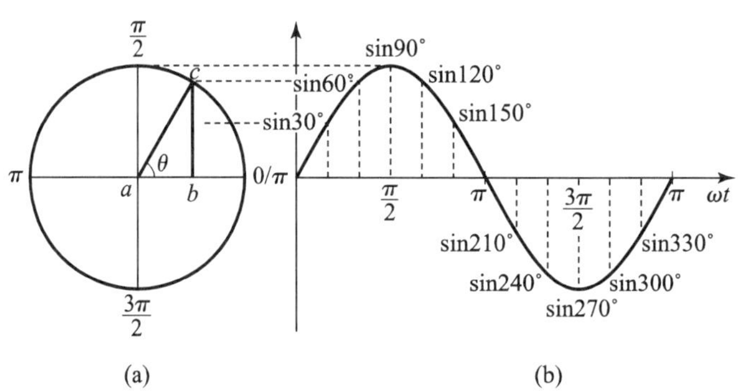

그림 11.1 정현파의 각속도

표 11.1 각속도

각도(θ)	0°	90°	180°	270°	360°
라디안(rad)	0	$\frac{\pi}{2}$	π	$\frac{3\pi}{2}$	2π

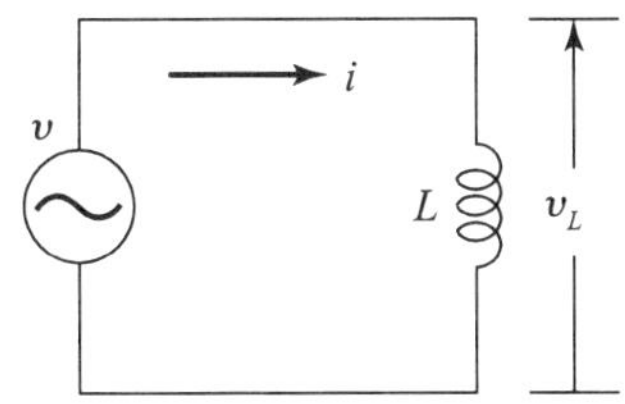

그림 11.2 인덕터만의 정현파 교류회로

11.2 인덕터(L) 교류회로

그림 11.2는 인덕터 L에 정현파 교류전압이 연결된 회로이다. 인덕터에 가해준 전압이 v이고 흐르는 전류가 $i = I_m \sin \omega t$라면 인덕터에는 $v_L = -L\dfrac{di}{dt}$의 역기전력이 발생하며 이를 풀어 구하면 아래와 같다.

$$v_L = -\omega L I_m \cos \omega t \ (\mathrm{V}) \tag{11.2}$$

$v = -v_L$, $\cos \omega t = \sin\left(\omega t + \dfrac{\pi}{2}\right)$로부터 아래의 식을 얻는다.

$$v = \omega L I_m \sin\left(\omega t + \frac{\pi}{2}\right) (\mathrm{V}) \tag{11.3}$$

식 (11.3)이 전류 $i = I_m \sin \omega t$와 전압 v가 다른 점을 비교하면 아래의 표 11.2와 같다.

표 11.2

i	I_m	$\sin \omega t$
v	$\omega L I_m$	$\sin\left(\omega t + \dfrac{\pi}{2}\right)$

인덕터(L) 정현파 교류회로에서의 저항을 v/i로 구하면 $\omega L I_m / I_m = \omega L$이 된다. 따라서 인덕터($L$) 정현파 교류회로에서의 교류저항은 ωL이고 이를 리액턴스(reactance) X_L이라 하며 그 단위는 저항과 마찬가지로 Ω이다.

$$L\text{의 교류저항(리액턴스)}: \ X_L = \omega L \ (\Omega) \tag{11.4}$$

상호 비교를 위해 인덕터 회로에 최초로 흘린 전류 i를 적어보면 아래와 같다.

$$i = I_m \sin\omega t \ (\text{A}) \tag{11.5}$$

전류 $i = I_m \sin\omega t$이므로 $t=0$의 i값은 $I_m \sin 0° = 0$인 데 비해 전압 v는 식 (11.3)에서 $t=0$일 때 $\omega L I_m \sin\frac{\pi}{2} = \omega L I_m \sin 90° = \omega L I_m \times 1 = \omega L I_m = V_m$으로 최대가 된다. $t = -\frac{\pi}{2}$에서 i 값은 $I_m \sin\left(-\frac{\pi}{2}\right) = -V_m$이고 전압 v값은 $\omega L I_m \sin\left(-\frac{\pi}{2} + \frac{\pi}{2}\right) = \omega L I_m \sin 0° = 0$이 되므로 그림 11.3(a)와 같이 전압 v가 전류 i보다 $90°\left(\frac{\pi}{2}\right)$ 빠르게 파형이 시작된다. 즉, v의 위상(位相)이 i의 위상보다 90° 빠르다. 그림 11.3(b)는 전압과 전류의 벡터를 나타낸다. 여기서 v는 $+90°$인 허수축 $+j$ 방향의 크기이다.

그림 11.3(b)와 같은 경우를 위상차가 90°라고 한다. 그러나 저항만의 교류회로에서는 그림 11.4(a)와 같이 그 크기만 다를 뿐 위상차가 없다. 즉, 굳이 벡터도를 그리면 그림 11.4(b)와 같이 같은 선상에 있고 크기만 다르다.

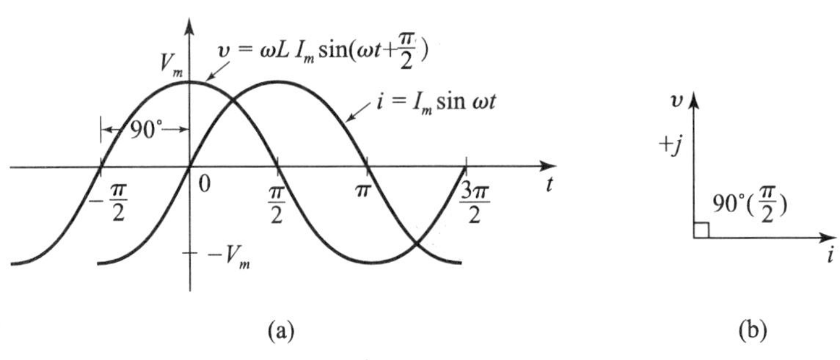

그림 11.3 인덕터 회로의 전압, 전류 파형

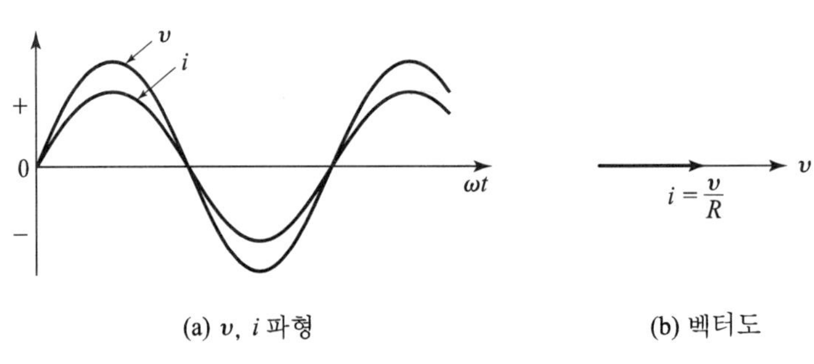

그림 11.4 저항회로의 전압, 전류 파형

11.3 인덕터의 접속

(1) 직렬접속

인덕터의 접속은 그림 11.5(a), (b)와 같이 직렬접속과 병렬접속이 있다. 합성 인덕턴스 L은 아래와 같이 직렬접속과 비슷하다.

$$\text{직렬접속}:\ L = L_1 + L_2 + L_3\,(\mathrm{H}) \tag{11.6}$$

$$\text{병렬접속}:\ L = \frac{1}{\dfrac{1}{L_1} + \dfrac{1}{L_2} + \dfrac{1}{L_3}} \tag{11.7}$$

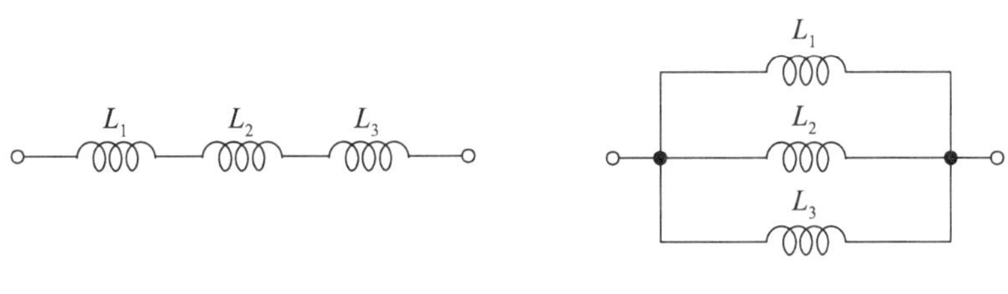

(a) 직렬접속　　　(b) 병렬접속

그림 11.5 인덕터의 접속

11.4 *R*−*L* 직렬회로

그림 11.6(a)와 같이 R과 L이 직렬로 연결된 회로이다. R과 L에 흐르는 전류는 i로 같다. 저항회로에서는 그림 11.4(b)와 같이 전류 i와 전압 v_R의 위상이 같지만 L에 걸리는 전압은 전류 i보다 90° 앞서므로 그림 11.6(a)회로의 벡터도를 그리면 그림 11.6(b)와 같다. 그림 11.6(b)에서 v_R, v_L을 i로 나누면 그림 11.6(c)와 같은 교류저항에 대한 벡터도를 얻을 수 있으며 여기서 R과 jX_L의 대각선 Z를 R-L 직렬회로의 임피던스라 하며 그 크기 Z는 아래와 같으며 단위는 Ω이다.

$$R\text{-}L\ \text{직렬회로의 임피던스}:\ Z = \sqrt{R^2 + X_L^2} = \sqrt{R^2 + (\omega L)^2}\ (\Omega) \tag{11.8}$$

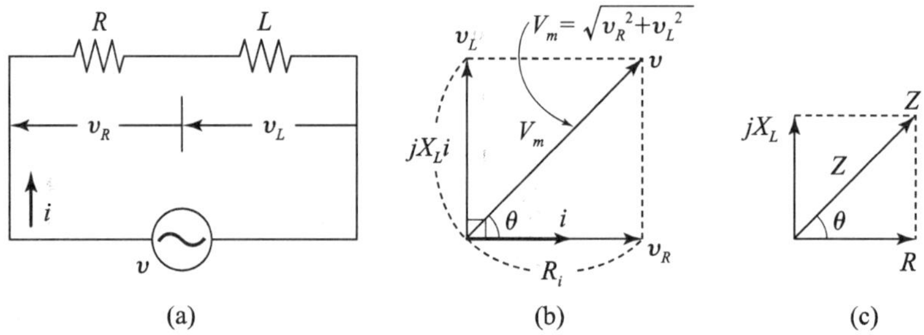

그림 11.6 *R-L* 직렬회로

그림 11.6(b)의 벡터도로부터 $i=I_m\sin\omega t$일 때 직렬회로의 전압 v는 아래와 같다.

$$v=V_m\sin(\omega t+\theta)\ (\mathrm{A}) \tag{11.9}$$

따라서 V_m과 위상각 θ는 아래의 식으로 구할 수 있다.

$$v_m=\sqrt{v_R^2+v_L^2}=\sqrt{(Ri)^2+(X_Li)^2}=i\sqrt{R^2+X_L^2}=\frac{I_m}{\sqrt{2}}\sqrt{R^2+X_L^2},$$

$$\theta=\tan^{-1}\left(\frac{X_L}{R}\right) \tag{11.10}$$

위의 식으로부터 임피던스 Z는 아래와 같이 구할 수 있다.

$$Z=\frac{v}{i}=\sqrt{R^2+X_L^2} \tag{11.11}$$

또한 그림 11.6(b), (c)에서 $v_R=v_L$이면 $R=X_L$이 됨을 알 수 있으며 이때의 $\theta=45°$이다. 지금까지의 결과를 요약하면 *R-L* 직렬회로에서의 전압 v는 전류보다 식 (11.10)의 각도 θ만큼 앞서며 전압의 최댓값 또한 식 (11.10)과 같고 전류 i는 전압 v를 임피던스 Z로 나눈 값이다.

11.5 *R–L* 병렬회로

그림 11.7은 R과 L이 병렬로 연결된 회로이다. 공급전류 $i=I_m\sin\omega t$는 i_R과 i_L로 나누어져 흐른다. 병렬회로 해석에는 저항 R의 역수인 컨덕턴스 G와 리액턴스 X_L의 역수인 서셉턴스 B_L을 사용하는 것이 편리하다. G와 X_L의 단위는 지멘스(S)이다.

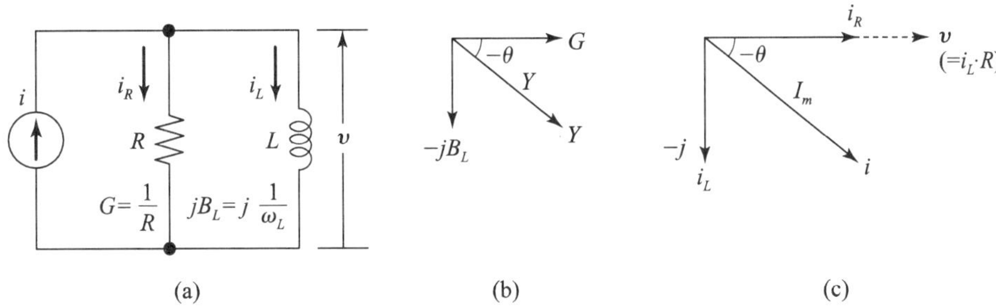

그림 11.7 R-L 병렬회로

$$G=\frac{1}{R}(\mathrm{S}),\ B_L=\frac{1}{X_L}=\frac{1}{\omega L}=\frac{1}{2\pi fL}(\mathrm{S}) \tag{11.12}$$

또한 임피던스 Z 대신 어드미턴스 Y로 해석하며 단위는 역시 지멘스(S)이고 Y는 아래와 같다.

$$Y=\frac{1}{R}+\frac{1}{jX_L}=\frac{1}{R}-j\frac{1}{X_L}=G-jB_L,\ Y=\sqrt{G^2+B_L^2}=\sqrt{(1/R)^2+(1/\omega L)^2}\,(\mathrm{S}) \tag{11.13}$$

따라서 Y벡터는 그림 11.7(b)와 같고 $i_R=Gv$, $i_L=-jB_Lv$이므로 i의 벡터는 그림 11.7(c)와 같다. 한편 위상각 θ는 아래와 같다.

$$\theta=\tan^{-1}\frac{-B_L}{G}=\tan^{-1}\frac{-1/\omega L}{1/R}=\tan^{-1}\left(-\frac{R}{\omega L}\right)(^\circ) \tag{11.14}$$

$V_m=I_m/Y$이고 전압 v의 정현파 표현식은 아래와 같다.

$$v=V_m\sin(\omega t-\theta)=(I_m/Y)\sin(\omega t-\theta)\,(\mathrm{A}) \tag{11.15}$$

2 소요 기기 및 재료

구 분	명 칭	규 격	수 량
소요 기기	1. 오실로스코프(2ch)	아날로그 또는 디지털	1
	2. 브레드 보드 또는 전용 실습장치(Trainer)	82×55 mm 이상	1
소요 재료	1. 저항	1 kΩ, 1/4 W 1.5 kΩ, 〃 2.2 kΩ, 〃 10 kΩ, 〃	3 1 1 1
	2. 인덕터	50 mH 또는 100 mH	1
	3. 가변저항	10 kΩ, PCB형	1
	4. 단심 연결선	0.6 Φ, 3~5 cm	4~6

3 과제 수행 순서

1. 그림 11.8 R-L 직렬회로에 주파수 10 kHz, 출력전압 $V_{p-p}=2$ V의 정현파 발생기(S.G.)를 연결한 뒤 가변저항기(VR)를 조절하여 오실로스코프로 측정한 전압이 $v_R=v_L$이 되었을 때의 저항 값 R을 저항계로 측정하여 표 11.3에 기입하시오.

[참고] 만일 $L=50$ mH를 사용하는 경우에는 $VR=20$ kΩ을 사용.

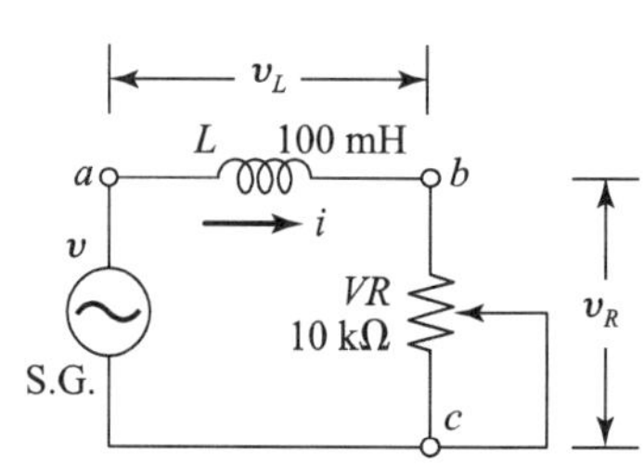

그림 11.8 R-L 직렬회로

표 11.3

측 정				계 산			
$R(\Omega)$	$V_m(\mathrm{V})$	$V_R(\mathrm{V})$	$V_L(\mathrm{V})$	$\theta(°)$	$X_L(\Omega)$	$Z(\Omega)$	$I_m(\mathrm{mA})$

2. b, c의 VR을 제거하고 저항 10 kΩ을 연결한 뒤 10 kHz, $2V_{p-p}$의 정현파 교류 전압을 가했을 때의 v, v_R, v_L의 최댓값을 오실로스코프로 측정하여 표 11.3에 기입하시오. 단, 측정 전압 환산은 $V_{p-p}/2$로.

3. 측정한 데이터로 계산에 의해 위상각 $\theta\left(=\tan^{-1}\dfrac{v_L}{v_R}\right)$를 구하여 표 11.3에 기입하시오. (* $\tan^{-1}\dfrac{v_L}{v_R}$의 계산은 표(부록) 또는 공학용 계산기 사용)

4. 리액턴스 $X_L(=2\pi fL)$과 $Z(=\sqrt{R^2+X_L^2})$를 계산하여 표 11.3에 기입하시오.

5. 위에서 구한 V_m과 Z를 이용하여 전류 I_m을 계산에 의해 표 11.3에 기입하시오.

6. 그림 11.8에서 VR 대신 2.2 kΩ으로 대체한 뒤 10 kHz, $2V_{p-p}$의 정현파를 가했을 때 $v_R(b,\ c)$과 $v(a,\ c)$의 최댓값을 오실로스코프로 측정하여 표 11.4에 기입하시오. 단, time/div은 10 μs, volts/div는 0.1 V 위치에 놓고 2 채널 오실로스코프를 사용하되 v_R은 ch1, v는 ch2 프로브로 측정.

7. 위의 측정 시 ch1과 ch2의 전압레벨(volts/div)을 보기 쉬운 위치(0.1 V 또는 0.2 V)에 놓고 기준선을 서로 일치(중앙선)시킨 뒤 오실로스코프 화면상의 파형으로 v_R과 v의 위상차 θ를 관측 계산하여 표 11.4에 기입하시오.

[참고] 그림 11.9는 ch1과 ch2의 두 파형(1사이클)의 위상차를 나타낸 하나의 예인데 1사이클(1주기)은 360°이므로 시간 축(ωt)의 한 칸은 360°/10칸=36°이다. 따라서 두 신호파형의 간격이 1.5칸이므로 위상차는 54°이다. 그림 11.9에서는 ch2가 ch1보다 위상이 54° 앞선다.

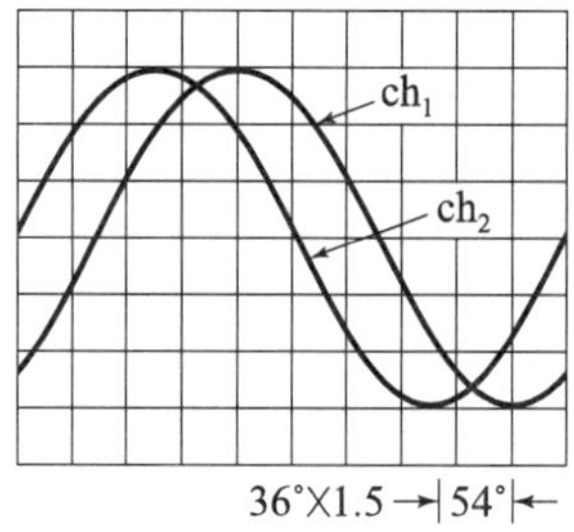

그림 11.9 위상차

표 11.4

측 정		계 산			
V_R(V)	V_m(V)	V_L(V)	$Z(\Omega)$	측정 θ(°)	계산 θ(°)

8. 측정으로 구한 데이터 또는 직접 주어진 저항 R과 $X_L(2\pi fL)$로 계산에 의해 V_L $(=\sqrt{V_m^2 - V_R^2})$, Z를 구하여 표 11.4에 기입하고, 위상각 θ를 $\tan^{-1}(X_L/R)$에 의해 계산한 값을 표 11.4의 해당란에 기입하시오. (* $\tan^{-1}$표(부록) 또는 공학용을 사용하여 $\tan^{-1}(X_L/R)$ 값 계산)

9. 그림 11.10과 같이 R-L 병렬회로를 구성하고 R값이 표 11.5와 같을 때 오실로스코프로 v의 최댓값 V_m을 측정하여 표 11.5에 기입하시오. 단, $v = V_m \sin 2000\pi t$, $\omega = 2000\pi$. $\omega = 2\pi f$, $f = \omega / 2\pi$.

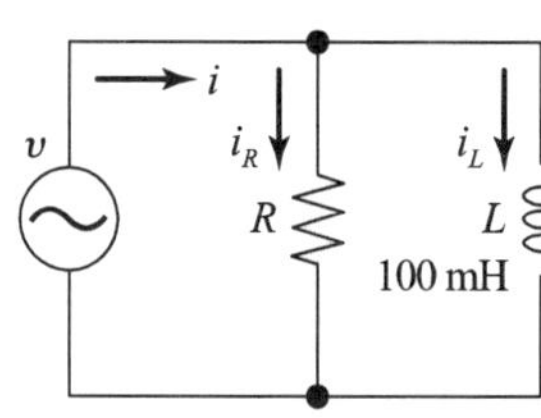

그림 11.10 R-L 병렬회로

표 11.5

구 분	500(Ω)	1(kΩ)	1.5(kΩ)
V_m(V)			
G(S)			
B_L(S)			
Y(S)			
θ(°)			

10. 계산에 의해 G, B_L, Y, θ를 구하여 표 11.5에 기입하고 이 값들로 i의 정현파 표현식을 나타내시오.

수행 보고서

과제 11	R-L 회로	학번 :	성명 :

1. 수행 1~수행 10의 결과(표 11.3~표 11.5)를 적어 보시오.

표 11.3

$R(\Omega)$	v_R(V)	v_L(V)	V_m(V)	$\theta(°)$	$X_L(\Omega)$	$Z(\Omega)$	I_m(mA)

표 11.4

v_R(V)	v(V)	v_L(V)	$Z(\Omega)$	측정 $\theta(°)$	계산 $\theta(°)$

표 11.5

구 분	500(Ω)	1(kΩ)	1.5(kΩ)
V_m(V)			
G(S)			
B_L(S)			
Y(S)			
$\theta(°)$			

2. 수행 1의 결과로부터 깨달은 R-L 직렬회로에서의 X_L 측정법을 적으시오.

(절취선)

3. 표 11.3의 측정 데이터로 v_R, v_L 벡터도를 그리시오.

4. 수행 7의 전압 파형을 스케치해서 나타내고 이것으로 구한 v_R, v의 위상차 θ를 적으시오.

5. 수행 8로부터 측정 θ와 계산 θ가 일치하는지를 비교하여 적으시오.

6. 수행 6~8에서 구한 값을 이용하여 i 및 v의 정현파 표현식을 적으시오.
[참고] v, i의 정현파 기본 표현식은 $V_m \sin \omega t$, $I_m \sin(\omega t + \theta)$, $\omega = 2\pi f$.

7. 수행 8의 결과로 전류 i의 정현파 표현식을 적어보고 위의 보고서 4와 일치하는지와 만일 일치하지 않으면 그 이유를 적으시오.

8. 수행 10의 i의 표현식을 적으시오.

자기 평가서

과제 11	R-L 회로	학번 :	성명 :

순번	학습내용	확실하게 이해	보통 이해	이해 미흡
1	리액턴스, 임피던스의 개념			
2	R-L 직렬 및 병렬회로에서의 v_R, v_L 벡터도			
3	위상각, 위상차의 정의			
4	R만의 회로와 L만의 회로의 차이점			
5	R-L 직류회로의 v, i 구하는 법			
6	계산값과 측정값의 오차발생 요인			
7	과제 수행 후 만족감(○표)	상	중	하

종합 소견 평 :

* 학생이 과제 수행을 마치고 학습내용에 대한 본인의 이해도를 스스로 평가함.

(절취선)

수행 평가서

과제 11	*R-L* 회로	학번 :	성명 :

내 용	반영률	A (아주 우수) 29/19/10	B (우수) 26/17/9	C (보통) 23/15/8	D (다소 부족) 19/13/7	E (아주 부족) 15/10/5	점수
수행 결과 (표 11.3~11.5)	30 %						
자기평가와 수행평가의 일치성	20 %						
지식 표현능력 (수행 보고서 2, 3항)	10 %						
지식 응용능력 (수행 보고서 4, 6항)	10 %						
지식 연계능력 (수행 보고서 5, 7, 8항)	10 %						
학습태도	20 %						
합 계							
종합 평가 :							

* 지도교수의 평가서로 학생 평가, 피드백 및 차후 과제 진행에 참고자료로 활용.

** A, B, C, D 밑의 a/b/c는 반영률 30 %(a), 20 %(b), 10 %(c)의 백분율 점수.

(절 취 선)

평가 방법 및 조치

1. 자기평가와 수행평가의 일치성은 측정 데이터의 정확성과 수행 보고서를 근거로 판정.
2. 수행 보고서는 측정 데이터의 정확성을 위주로 평가.
3. 학습태도는 협동력, 집중도, 수행 자세, 정리 정돈을 중점적으로 관찰 평가.
4. 평가점수가 60점 미만이면 피드백 대상이며 부족한 부분에 대해서 보충교육 수행.

학습과제

12

R-C 회로

학습 개요

학습 과제 명	R-C 회로
학습 목표	- 정현파 교류 R-C 직렬 및 병렬회로의 리액턴스, 임피던스의 개념을 익힌다. - 전압과 전류의 위상관계를 벡터도로 이해한다.
현장 적용 예	- 전기회로 설계 및 해석 - 필터회로 - 발진회로 - 정류회로
수행 준비물	- 필기도구 - 계산기 - 수행 결과 기록지
소요 시간	90분~120분
수행 시 유의사항	- 수행에 사용할 부품의 규격에 착오가 없는지 확인한다. - 반드시 준비 작업이나 회로구성이 끝난 뒤에 전원을 넣는다(켠다). - 조 단위로 실험 시에는 상호 착오가 없는지 교차 점검한다. - 기기의 사용은 사용법을 숙지한 상태에서 행한다. - 수행 완료 후 부품 및 기기는 제 위치에 철저히 정리해 놓는다.

1 필요지식

12.1 커패시터 회로

그림 12.1은 정현파 교류전압 $v = V_m \sin\omega t$가 커패시터에만 연결된 회로이다. $Q = Cv$, $i = \frac{dQ}{dt}$이므로

$$i = \frac{Cdv}{dt} = \frac{Cd(V_m \sin\omega t)}{dt} \tag{12.1}$$

을 풀면 전류 $i = \omega C V_m \cos\omega t$가 되지만 $\cos\omega t = \sin(\omega t + \pi/2)$이므로 아래와 같다.

$$i = \omega C V_m \sin\left(\omega t + \frac{\pi}{2}\right)\ \text{(A)} \tag{12.2}$$

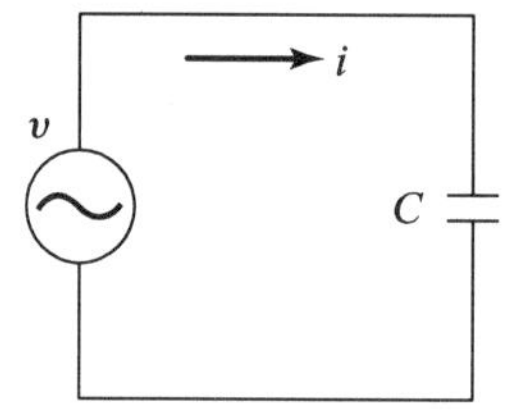

그림 12.1 C 교류회로

식 (12.2)로부터 '전류 i는 전압 v보다 위상이 90°($\pi/2$) 빠르다.'는 것과 $I_m = \omega C V_m$, $\theta = \pi/2$임을 알 수 있으며 C의 교류저항 즉, 리액턴스 X_C는 V_m/I_m으로부터 아래와 같이 구해진다.

$$C\text{의 리액턴스} : X_C = \frac{V_m}{\omega C V_m} = \frac{1}{\omega C}\ (\Omega) \tag{12.3}$$

그림 12.2(a)는 전압과 전류의 파형 그림 12.2(b)는 v, i의 벡터도이다. 그림 12.2(c)는 전류를 기준으로 한 경우의 v, i의 벡터도이다.

그림 12.2로부터 전류가 전압보다 위상이 90°($\pi/2$ rad) 빠르다는 것을 알 수 있다.

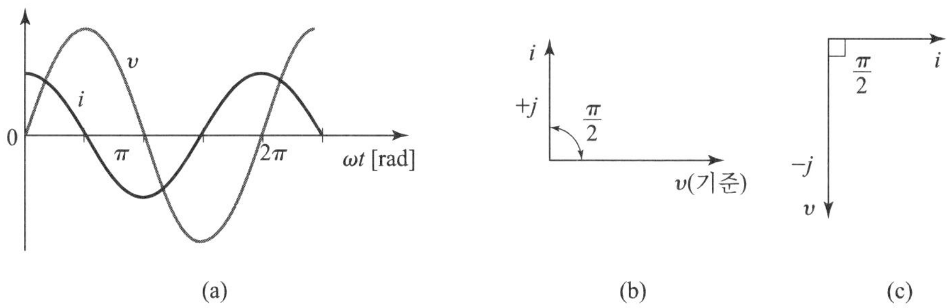

그림 12.2 C회로의 v, i

12.2 커패시터의 접속

그림 12.3(a), (b)는 커패시터의 직렬접속, 병렬접속을 나타낸다.

그림 12.3(a)의 직렬접속인 경우 $V_1 = \dfrac{Q}{C_1}$, $V_2 = \dfrac{Q}{C_2}$, $V = V_1 + V_2 = \dfrac{Q}{C_1} + \dfrac{Q}{C_2} = \left(\dfrac{1}{C_1} + \dfrac{1}{C_2}\right)Q$, $V = \dfrac{Q}{C}$로부터 $\dfrac{1}{C_1} + \dfrac{1}{C_2} = \dfrac{1}{C}$이므로 합성 정전용량 C는 아래와 같다.

$$C = \frac{1}{\dfrac{1}{C_1} + \dfrac{1}{C_2}} = \frac{C_1 C_2}{C_1 + C_2} \ (\mathrm{F}) \tag{12.4}$$

저항의 병렬접속 형태와 같다. 그림 12.3(b)의 병렬접속에서는 $Q_1 = C_1 V$, $Q_2 = C_2 V$, $Q = Q_1 + Q_2 = (C_1 + C_2)V$이므로 $C = Q/V = (C_1 + C_2)V/V$로부터 다음의 식을 얻는다.

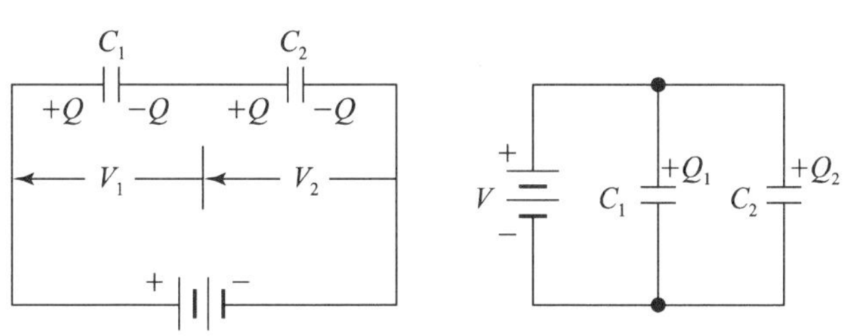

그림 12.3 커패시터의 접속

$$C = C_1 + C_2 \text{ (F)} \tag{12.5}$$

즉, 커패시터의 병렬접속은 저항의 직렬접속과 같은 형태이다.

12.3 *R-C* 직렬회로

그림 12.4(a)는 정현파 교류전압 $v = V_m \sin\omega t$가 $R\text{-}C$ 직렬회로에 연결된 회로이다.

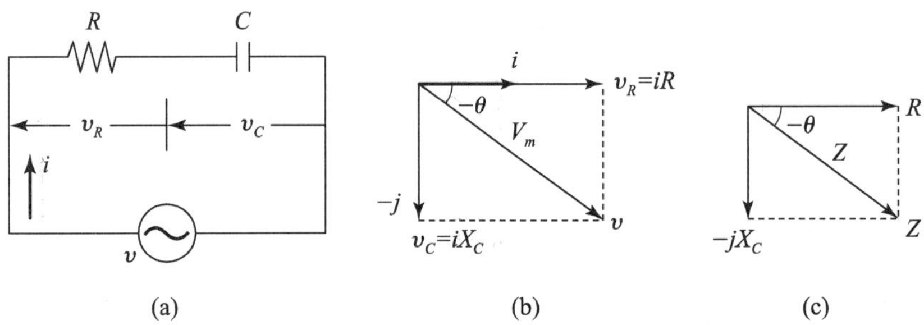

그림 12.4 *R-C* 직렬회로

$v_R = iR$, $v_C = i(-jX_C)$이고 앞서 커패시터의 경우 i가 v보다 90°(π/2) 위상이 빠르므로 그 벡터도는 그림 12.4(b)와 같다. 그림 12.4(b)로부터 V_m, θ는 아래와 같다.

$$V_m = \sqrt{V_R^2 + V_C^2} \text{ (V)} \tag{12.4a}$$

$$\theta = \tan^{-1}\frac{v_C}{v_R} \text{ (°)} \tag{12.4b}$$

또한 임피던스의 크기 $Z = \sqrt{R^2 + X_C^2}$ 이고 그 벡터도는 그림 12.4(c)와 같다. 따라서 위상각 θ는 아래의 식으로도 구할 수 있다.

$$Z = \sqrt{R^2 + X_C^2} \text{ } (\Omega) \tag{12.5a}$$

$$\theta = \tan^{-1}\frac{X_C}{R} = \tan^{-1}\frac{1}{\omega CR} \text{(°)} \tag{12.5b}$$

그림 12.3(b)에서 알 수 있는 것은 $R\text{-}C$ 직렬회로의 경우에는 기준전류보다 전압의 위상이 θ 느리므로$(-\theta)$, $i = I_m \sin\omega t = \frac{V_m}{Z}\sin\omega t$일 때 전압 v의 정현파 표현식은 아래와 같다.

$$v = V_m \sin(\omega t - \theta)(\mathrm{A}) \tag{12.6}$$

12.4 *R-C* 병렬회로

그림 12.5는 R-C 병렬접속회로이다. 공급전류 $i = I_m \sin\omega t$이고 R, C 양단에 걸리는 전압은 v라 한다.

R의 컨덕턴스가 G, C의 서셉턴스가 B_C라면 어드미턴스 $Y = G + jB_C$이므로 Y의 크기 Y와 위상각 θ는 아래와 같다.

$$Y = \sqrt{G^2 + B_C^2} = \sqrt{(1/R)^2 + (\omega C)^2}\ (\mathrm{S}) \tag{12.7}$$

$$\theta = \tan^{-1}\frac{B_C}{G} = \tan^{-1}\omega RC(°) \tag{12.8}$$

어드미턴스 Y의 벡터도가 그림 12.5(b)이다. 또한 $i_R = Gv$, $v_R = i_R R$, $i_C = jB_L v = j\omega Cv$이므로 i의 벡터도는 그림 12.5(c)와 같고 i_R, i_C는 아래와 같다.

$$i_R = GV_m \sin(\omega t - \theta)\ (\mathrm{A}) \tag{12.9}$$

$$i_C = \omega CV_m \sin(\omega t + 90° - \theta)\ (\mathrm{A}) \tag{12.10}$$

위의 식에서 $V_m = I_m / Y$이다. $i = I_m \sin\omega t$라면 전압은 $v = i/Y$로부터 아래와 같이 구해진다.

$$v = V_m \sin(\omega t - \theta°)\ (\mathrm{A}) \tag{12.11}$$

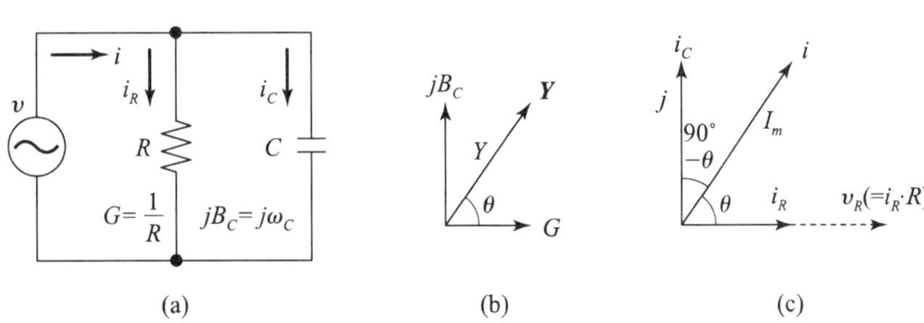

그림 12.5 R-C 병렬접속

2 소요 기기 및 재료

구 분	명 칭	규 격	수 량
소요 기기	1. 오실로스코프(2ch)	아날로그 또는 디지털	1
	2. 브레드 보드 또는 전용 실습장치(Trainer)	82×55 mm 이상	1
소요 재료	1. 저항	1 kΩ, 1/4 W 2.2 kΩ, 〃 10 kΩ, 〃 22 kΩ, 〃	1 1 1 1
	2. 커패시터	0.1 μF, 16 V	1
	3. 단심 연결선	0.6 Φ, 3~5 cm	4~6

3 과제 수행 순서

1. 그림 12.6에서 $V_m = 4\,\text{V}$, $R = X_C$일 때의 R, V_C, V_R, Z, I_m의 값을 구하시오. 단, V_C, V_R은 최댓값. $Z = \sqrt{R^2 + X_C^2}$ 또는 $\sqrt{2R^2} = \sqrt{2}\,R$이고 $f = 1\,\text{kHz}$.

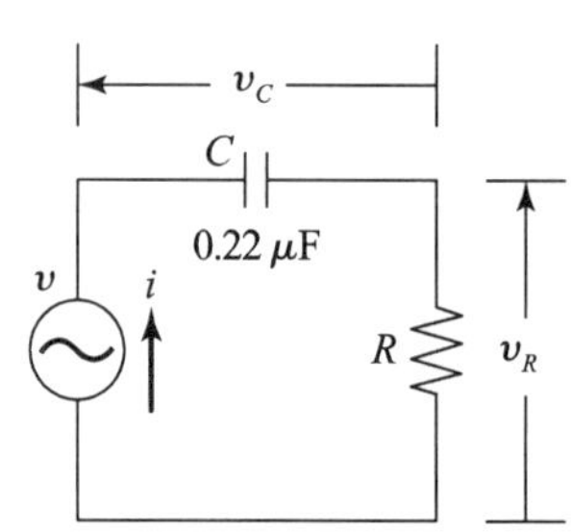

그림 12.6

R=(　　　　Ω), V_C=(　　　　V), V_R=(　　　　V), Z=(　　　　Ω),

I_m=(　　　　mA)

2. 그림 12.7과 같은 R-C 회로에서 R값이 표 12.1과 같을 때 v_R, v_C의 최댓값을 각각 오실로스코프로 측정하여 V_m, Z, θ의 계산값을 표 12.1의 해당란에 기입하시오. 단, 입력 교류전압은 $V_{p-p} = 2\text{ V}$, $f = 1\text{ kHz}$.

[참고] $V_m = 2/2 = 1\text{ V}$. $V_m = \sqrt{V_R^2 + V_C^2}$, $X_C = 1/2\pi fC$, $Z = \sqrt{R^2 + X_C^2}$, $\theta = \tan^{-1}(X_C/R)$.

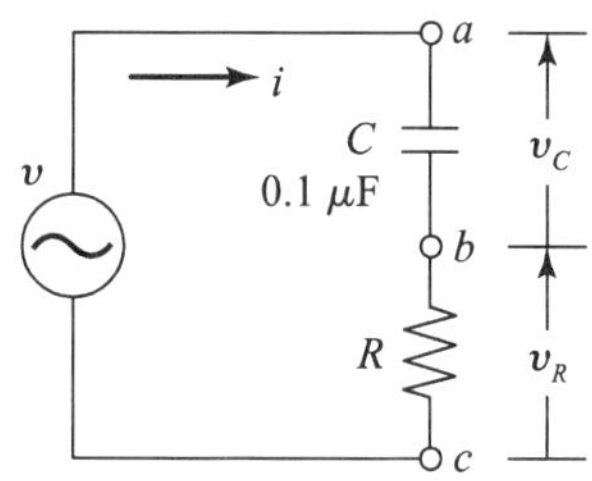

그림 12.7 R-C 직렬회로

표 12.1

구 분	R=1 kΩ	R=1.5 kΩ	R=2.2 kΩ
V_R(V)			
V_C(V)			
계산 V_m(V)			
계산 Z(Ω)			
계산 θ(Ω)			
측정 θ(Ω)			

3. 표 12.1의 데이터로 $R = 1\text{ k}\Omega$일 때의 전압 V_m과 임피던스 Z의 벡터도를 그리시오.

4. 그림 12.7에서 $R = 2.2\ \text{k}\Omega$일 때 2ch 오실로스코프를 듀얼모드(ch1+ch2)로 놓고 ch1 프로브로 $v_R(b, c)$, ch2 프로브로 $v(a, c)$를 관측해서 위상각 θ를 구해 적으시오. 단, $f = 1\ \text{kHz}$, $V_{p-p} = 2\ \text{V}$.

$\theta = ($ $\quad\quad$ $°)$

5. 그림 12.7의 *R-C* 직렬회로에서 $i = I_m \sin\omega t = \dfrac{V_m}{Z}\sin 2\pi f t = 500\sin 2512t\,(\text{mA})$ 이고 전류와 전압의 위상각은 $\theta = 60°$이다. 아래의 순서로 진행하시오.

(1) $\omega = 2512$를 이용해 계산에 의해 X_C를 구하시오

(2) $\theta = 60°$를 이용해 R의 값을 구하시오. 단, $\tan 60° \fallingdotseq 1.732$, $\tan 60° = \dfrac{X_C}{R}$

(3) 구한 R값의 저항을 연결한 뒤 V_R을 측정하시오.

(4) V_m과 측정에 의해 구한 V_R을 이용해 V_C를 구하시오, 단, $V_C = \sqrt{V^2 - V_R^2}$

(5) v의 벡터도를 그리시오.

(6) 임피던스의 크기 $Z(= \sqrt{R^2 + X_C^2})$를 구하시오.

(7) I_m을 계산에 의해 구하시오. (* $I_m = V_m / Z\,(\text{mA})$)

(8) v의 정현파 표현식을 적으시오.

6. 그림 12.8의 R-C 병렬회로에 1 kHz, $V_{p-p}=2\,\mathrm{V}$의 정현파 전압을 연결한 상태에서 오실로스코프로 측정한 R, C 양단의 최댓값 전압 V_m을 측정한 뒤 이를 이용해 i_R, i_C, Y, θ, I_m을 계산으로 구하여 표 12.2에 기입하시오. 단. $i_R=I_R/\sqrt{2}$, $i_C=I_C/\sqrt{2}$.

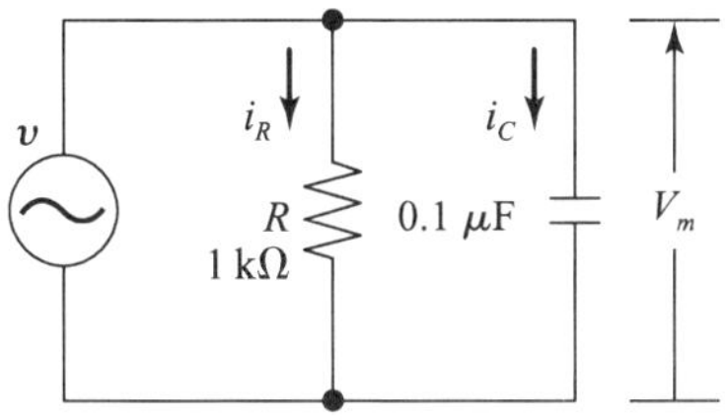

그림 12.8

표 12.2

i_R(mA)	i_C(mA)	Y(mS)	I_m(mA)	계산 θ(°)

수행 보고서

과제 12	*R*-*C* 회로	학번 :	성명 :

1. 수행 1~수행 6의 결과를 적어 보시오.

   R=(Ω), V_C=(V), Z=(Ω), I_m=(mA)

표 12.1

구 분	R=1 kΩ	R=1.5 kΩ	R=2.2 kΩ
V_R(V)			
V_C(V)			
계산 V_m(V)			
계산 Z(Ω)			
계산 θ(Ω)			
측정 θ(Ω)			

표 12.2

i_R(mA)	i_C(mA)	Y(mS)	I_m(mA)	계산 θ(°)

수행 3의 V_m, Z 벡터도

수행 4의 θ(°)

2. 수행 1을 참고로 하여 그림 12.6에서 X_C를 모를 때 정해진 R로 구하는 방법을 적으시오.

(절취선)

3. R-C 직렬회로에서 $\theta = 45°$일 때 R이 정해져 있을 때 C를 구하는 식을 적으시오.

4. 수행 2의 결과(표 12.1)로부터 저항 R이 커갈수록 V_m의 크기는 어떻게 변하는지를 적으시오.

5. 수행 2, 3에서 계산으로 구한 θ값과 측정으로 구한 θ값을 비교해서 적으시오.

6. 수행 3으로부터 전압 v의 정현파 표현식을 적으시오.

7. 수행 5의 (8)에서 구한 v의 표현식 및 i와 v의 벡터도를 그리시오.

자기 평가서

과제 12	R-C 회로	학번 :	성명 :

순번	학습내용	확실하게 이해	보통 이해	이해 미흡
1	리액턴스 X_C, 임피던스 Z의 개념			
2	R만의 회로와 C만의 회로의 차이점			
3	R-C 회로에서 벡터로 V_m을 구하는 방법			
4	측정 v_R, v_C로 위상차 구하는 방법			
5	R-C 회로에서 v, i의 정현파 표현식			
6	R-C 직렬회로와 R-C 병렬회로의 차이점			
7	과제 수행 후 만족감(○표)	상	중	하

종합 소견 평 :

* 학생이 과제 수행을 마치고 학습내용에 대한 본인의 이해도를 스스로 평가함.

(절취선)

수행 평가서

과제 12	*R-C* 회로	학번 :	성명 :

내 용	반영률	A (아주 우수) 29/19/10	B (우수) 26/17/9	C (보통) 23/15/8	D (다소 부족) 19/13/7	E (아주 부족) 15/10/5	점수
수행 결과(표 12.1, 12.2)	30 %						
자기평가와 수행평가의 일치성	20 %						
지식 표현능력 (수행 보고서 4, 5항)	10 %						
지식 표현능력 (수행 보고서 2, 3항)	10 %						
지식 연계능력 (수행 보고서 6, 7항)	10 %						
학습태도	20 %						
합 계							
종합 평가 :							

* 지도교수의 평가서로 학생 평가, 피드백 및 차후 과제 진행에 참고자료로 활용.

** A, B, C, D 밑의 a/b/c는 반영률 30 %(a), 20 %(b), 10 %(c)의 백분율 점수.

평가 방법 및 조치

1. 자기평가와 수행평가의 일치성은 측정 데이터의 정확성과 수행 보고서를 근거로 판정.
2. 수행 보고서는 측정 데이터의 정확성을 위주로 평가.
3. 학습태도는 협동력, 집중도, 수행 자세, 정리 정돈을 중점적으로 관찰 평가.
4. 평가점수가 60점 미만이면 피드백 대상이며 부족한 부분에 대해서 보충교육 수행.

(절취선)

학습과제

13

R-L-C 교류회로

학습 개요

학습 과제 명	*R-L-C* 교류회로
학습 목표	- *R-L-C* 직렬 및 병렬회로의 임피던스의 개념을 익힌다. - 전압과 전류의 위상관계를 리액턴스의 크기로 관련시켜 이해한다.
현장 적용 예	- 전기회로 설계 및 해석 - 필터회로 - 발진회로 - 정류회로
수행 준비물	- 필기도구 - 계산기 - 수행 결과 기록지
소요 시간	90분~120분
수행 시 유의사항	- 수행에 사용할 부품의 규격에 착오가 없는지 확인한다. - 반드시 준비 작업이나 회로구성이 끝난 뒤에 전원을 넣는다(켠다). - 조 단위로 실험 시에는 상호 착오가 없는지 교차 점검한다. - 기기의 사용은 사용법을 숙지한 상태에서 행한다. - 수행 완료 후 부품 및 기기는 제 위치에 철저히 정리해 놓는다.

① 필요지식

13.1 *R-L-C* 직렬회로

그림 13.1은 R-L-C 직렬회로이다. 여기서 중요한 것은 L의 리액턴스 X_L과 C의 리액턴스 X_C의 크기에 따라 유도성 또는 용량성으로 구분되며 위상각 또한 $+\theta$, $-\theta$로 구분된다는 것이다.

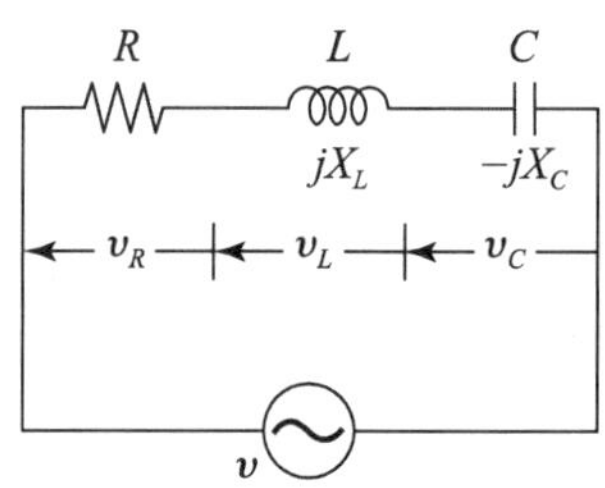

그림 13.1 R-L-C 직렬회로

L과 C의 리액턴스는 $X_L = \omega L = 2\pi f$, $X_C = \dfrac{1}{\omega C} = \dfrac{1}{2\pi f C}$이므로 L과 C가 일정한 상태에서는 주파수 f에 의해 그림 13.2와 같이 변하며 $X_L > X_C$이면 유도성, $X_L < X_C$이면 용량성이 되고 $X_L = X_C$이 되는 주파수 f_C에서 직렬공진회로가 된다.

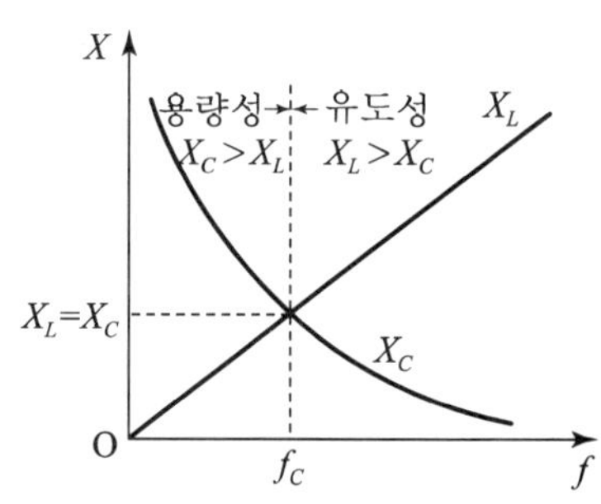

그림 13.2 X_L, X_C의 주파수 특성

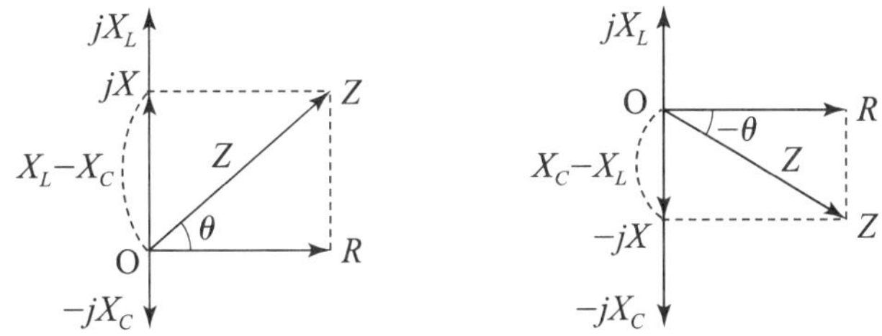

(a) $X_L > X_C$ (b) $X_C < X_L$

그림 13.3 벡터 Z

$X_L = X_C$이 되는 공진회로는 뒤에서 다루기로 하고 $X_L > X_C$, $X_L < X_C$인 경우의 임피던스 벡터는 그림 13.3(a), (b)와 같이 위상각은 $X_L > X_C$이면 $+\theta$, $X_L < X_C$이면 $-\theta$이다.

임피던스 Z 및 위상각 θ의 일반식은 아래와 같다.

$$Z = \sqrt{R^2 + (|X_L - X_C|)^2} \tag{13.1}$$

$$\theta = \tan^{-1}\frac{|X_L - X_C|}{R} = \pm\theta,\ X_L > X_C \rightarrow \theta,\ X_L < X_C \rightarrow -\theta \tag{13.2}$$

리액턴스의 절댓값이 큰 쪽의 성향에 따라 회로특성이 결정되며 $X_L > X_C$이면 R-L 직렬회로의 특성, $X_L < X_C$이면 R-C 직렬회로의 특성이 된다. 따라서 v, i의 벡터도는 그림 13.4(a), (b)와 같다.

따라서 $v = V_m \sin\omega t$일 때 전류 i의 정현파 표현식은 $I_m = V_m/Z$일 때 아래와 같다.

$$X_L > X_C\text{인 경우 : } i = I_m \sin(\omega t - \theta)\ (\text{A}) \tag{13.3}$$

$$X_C > X_L\text{인 경우 : } i = I_m \sin(\omega t + \theta)\ (\text{A}) \tag{13.4}$$

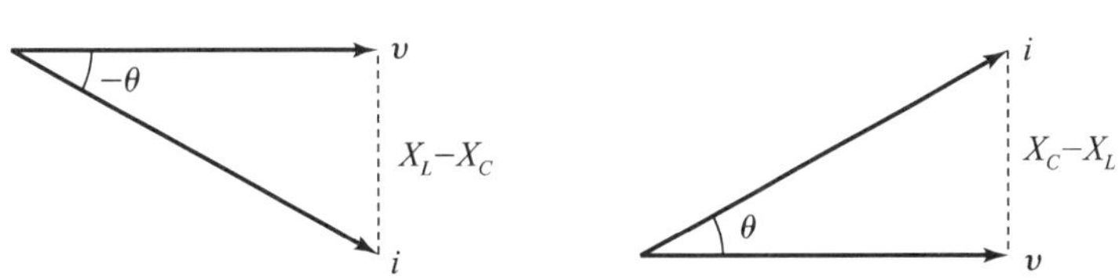

(a) $X_L > X_C$: R-L 직렬 (b) $X_C > X_L$: R-C 직렬

그림 13.4 v, i의 벡터

전류기준으로 전압을 나타낼 때는 $i = I_m \sin\omega t$이므로 전압 v는 위상각이 반대로 된다.

$$X_L > X_C \text{인 경우 : } v = V_m \sin(\omega t + \theta)\ (\text{V}) \tag{13.5}$$

$$X_C > X_L \text{인 경우 : } v = V_m \sin(\omega t - \theta)\ (\text{V}) \tag{13.6}$$

13.2 *R-L-C* 병렬회로

그림 13.5는 R-L-C 병렬회로이다. 병렬회로이므로 어드미턴스로 다루는 것이 편리하다.

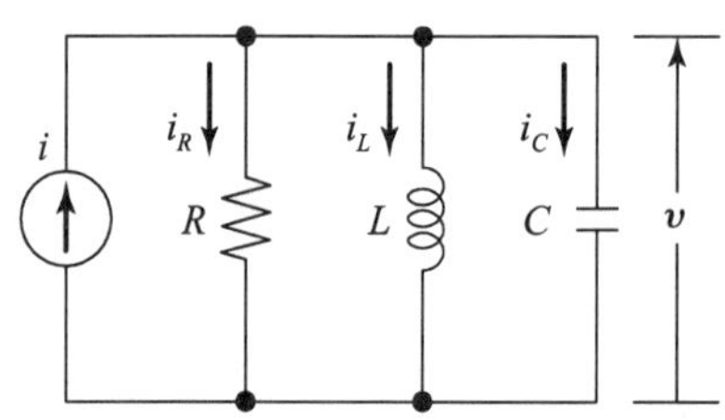

그림 13.5 R-L-C 병렬회로

$G = \dfrac{1}{R}$, $B_L = \dfrac{1}{\omega L}$, $B_C = \omega C$이므로 R, L, C 병렬 합성 어드미턴스는 아래와 같다.

$$Y = G - j\frac{1}{\omega L} + j\omega C = G - jB_L + jB_C = G + j(B_C - B_L)\ (\text{S}) \tag{13.5}$$

$Y = G + jB = G + j(B_C - B_L)$에서 $B_C - B_L > 0$ 또는 $B_C - B_L < 0$에 따라서 즉 $|B_L| > B_C$ 또는 $B_C > |B_L|$에 따라서 그림 13.6과 같이 벡터 B의 위상 θ가 $-$ 또는 $+$

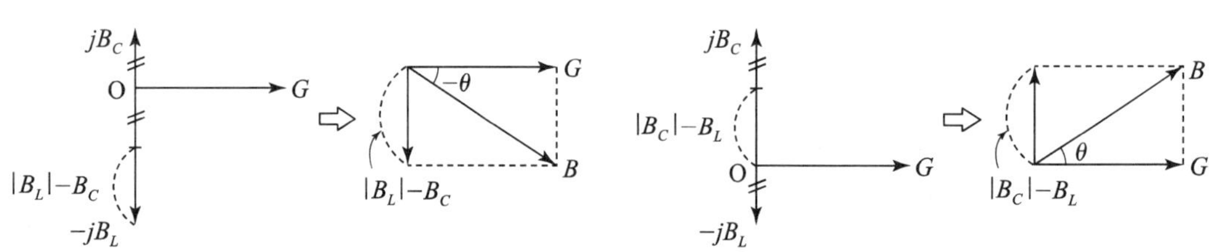

(a) $|B_L| - B_C \rightarrow B-L$ 병렬　　(b) $B_C > |B_L| \rightarrow B-L$ 병렬

그림 13.6 벡터 B

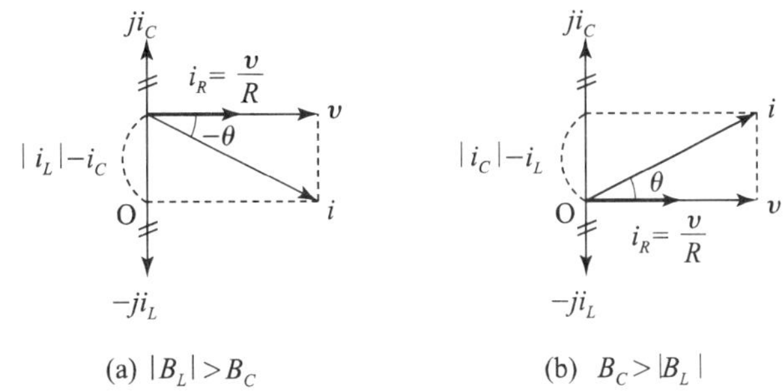

그림 13.7 벡터 i

로 결정된다.

$|B_L| - B_C > 0$이면 R-L 병렬회로, $B_C - |B_L| > 0$이면 R-C 병렬회로의 특성과 같게 되므로 그림 13.7과 같이 전자의 경우 전압이 전류보다 위상이 빠르고 후자의 경우 전류가 전압보다 위상이 빠르다.

R-L-C 병렬회로에서의 어드미턴스의 크기 Y 및 위상 θ는 아래와 같다.

$$Y = \sqrt{G^2 + (B_C - B_L)^2} = \sqrt{(1/R)^2 + (\omega C - 1/\omega L)^2} \text{ (S)} \tag{13.6}$$

$$\theta = \tan^{-1}\frac{(B_C - B_L)}{G} = \tan^{-1}\frac{R(\omega^2 LC - 1)}{\omega L} (^\circ) \tag{13.7}$$

$I_m = YV_m$, $V_m = I_m / Y$이고 전류 $i = I_m \sin\omega t$라면 전압 v는 아래와 같다.

$$v = V_m \sin(\omega t \pm \theta) \text{ (V)}, \quad |B_L| > B_C \rightarrow -\theta, \; B_C > |B_L| \rightarrow +\theta \tag{13.8}$$

2 소요 기기 및 재료

구 분	명 칭	규 격	수 량
소요 기기	1. 오실로스코프(2ch)	아날로그 또는 디지털	1
	2. 브레드 보드 또는 전용 실습장치(Trainer)	82×55 mm 이상	1
소요 재료	1. 저항	1 kΩ, 1/4 W	1
	2. 인덕터	100 mH	1
	3. 커패시터	전해 1 μF, 50 V " , 4.7 μF, 50 V " , 47 μF, 25 V " , 100 μF, 25 V " , 220 μF, 25 V	1 1 1 1 1
	4. 단심 연결선	0.6 Φ, 3~5 cm	4~6

3 과제 수행 순서

1. 그림 13.8의 R-L-C 직렬회로에 표 13.1과 같은 C값을 연결하고 $f=1\text{ kHz}$, $V_{p-p}=1\text{ V}$의 정현파 교류전압을 가해주었을 때 R에 걸리는(ⓐ, ⓑ 간) 전압 V_{Rm}과 ⓐ, ⓓ 간에 걸리는 전체전압의 V_m을 오실로스코프로 측정하여 표 13.1에 기입하시오. 단, 측정값은 최댓값.

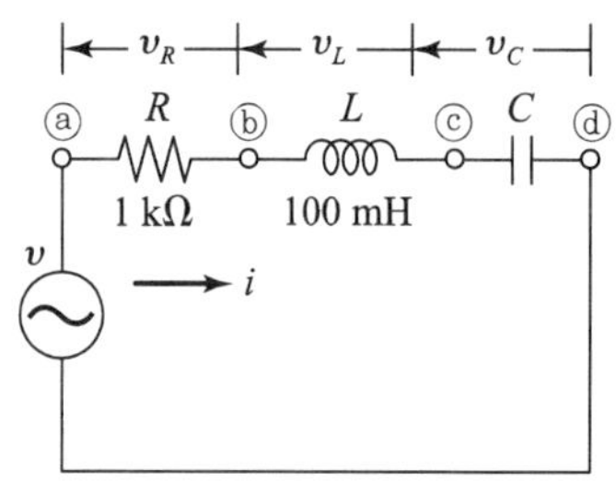

그림 13.8 R-L-C 직렬회로

표 13.1

구 분	V_{Rm}(V)	V_m(V)	$X_L(\Omega)$	$X_C(\Omega)$	$Z(\Omega)$	계산θ(°)	측정θ(°)
$C=47\ \mu F$							
$C=100\ \mu F$							
$C=220\ \mu F$							

2. 그림 13.8의 회로에서 $f=1$ kHz일 때 X_L과 각 C값에 해당하는 X_C, Z, θ의 값을 계산하여 표 13.1에 기입하시오.

[참고] $X_L=2\pi fL,\ X_C=1/2\pi fC,\ Z=\sqrt{R^2+(X_L-X_C)^2},\ \theta=\tan^{-1}\dfrac{X_L-X_C}{R}$

3. 그림 13.8 회로에서 $f=1$ kHz, $V_{p-p}=1$ V의 정현파 교류전압을 가해주었을 때 표 13.1의 C값에 대하여 v_R, v(ⓐ, ⓓ 간)을 오실로스코프로 관측하여 v_R, v의 위상차 θ를 구하여 표 13.1의 측정 θ란에 기입하시오. 단, ch1 프로브에 v_R, ch2 프로브에 v를 연결하고 time/div은 0.1 ms 위치에 놓고 측정.

4. 그림 13.9의 R-L-C 병렬회로에서 $f=10$ kHz, $V_{p-p}=1$ V의 정현파 교류전압을 가해주었을 때 C값을 1 μF, 4.7 μF로 바꿔가면서 오실로스코프로 R, L, C 양단의 전압 V_m을 측정하여 표 13.2에 기입하시오.

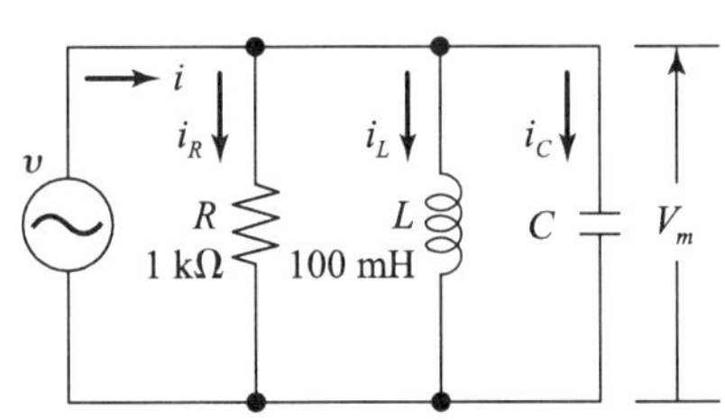

그림 13.9 R-L-C 병렬회로

표 13.2

구 분	V_m(V)	G(S)	B_L(S)	B_C(S)	$\lvert B_L - B_C \rvert$(S)	Y(S)	계산θ(°)
C=1 μF							
C=4.7 μF							

5. 그림 13.9 회로에서 $f = 10$ kHz이고 C값이 1 μF, 4.7 μF일 때 G, B_L, B_C, $|B_L - B_C|$, Y, θ를 각각 계산하여 표 13.2에 기입하시오.

[참고] $G = \frac{1}{R}$, $B_L = \frac{1}{2\pi f L}$, $B_C = 2\pi f C$, $Y = \sqrt{G^2 + (B_L - B_C)^2}$, $\theta = \tan^{-1}\frac{B_L - B_C}{G}$.

수행 보고서

과제 13	R-L-C 교류회로	학번 :	성명 :

1. 수행 1~수행 5의 결과를 적어 보시오.

표 13.1

구 분	V_{Rm}(V)	V_m(V)	$X_L(\Omega)$	$X_C(\Omega)$	$Z(\Omega)$	계산θ(°)	측정θ(°)
$C=47\ \mu$F							
$C=100\ \mu$F							
$C=220\ \mu$F							

표 13.2

구 분	V_m(V)	G(S)	B_L(S)	B_C(S)	$\lvert B_L-B_C\rvert$(S)	Y(S)	계산θ(°)
$C=1\ \mu$F							
$C=4.7\ \mu$F							

2. 수행 1, 2의 결과(표 13.1)로부터 I_m 계산식을 적으시오.

3. $v=V_m\sin\omega t$라고 할 때 위에서 구한 I_m과 표 13.1의 데이터로 i의 정현파 식을 적으시오.

(절취선)

4. 수행 2에서의 측정 θ와 표 13.1의 계산 θ가 일치하는지를 비교해보고 일치하지 않는다면 그 이유를 적으시오.

5. 수행 4, 5의 결과(표 13.2)로부터 I_m의 계산을 적으시오.

6. 위에서 구한 I_m과 표 13.2로부터 $v = V_m \sin\omega t$일 때 i의 정현파 표현식을 적으시오.

7. 그림 13.9 회로에서 $|B_L| = B_C$가 되는 C값을 구하는 계산식을 적으시오.

자기 평가서

과제 13	R-L-C 교류회로	학번 :	성명 :

순번	학습내용	확실하게 이해	보통 이해	이해 미흡
1	R-L-C 직렬회로에서의 리액턴스 X의 계산법			
2	$X>0$, $X<0$에 따른 R-L-C 직렬회로의 특성			
3	R-L-C 직렬회로와 R-L, R-C 직렬회로의 연관성			
4	R-L-C 병렬회로에서 B의 계산법			
5	$B>0$, $B<0$에 따른 R-L-C 직렬회로의 특성			
6	R-L-C 병렬회로와 R-L, R-C 병렬회로의 연관성			
7	R-L-C 직렬회로와 R-L-C 병렬회로의 차이점			
8	과제 수행 후 만족감(○표)	상	중	하

종합 소견 평 :

* 학생이 과제 수행을 마치고 학습내용에 대한 본인의 이해도를 스스로 평가함.

(절취선)

수행 평가서

과제 13	R-L-C 교류회로	학번 :	성명 :

내 용	반영률	A (아주 우수) 29/19/10	B (우수) 26/17/9	C (보통) 23/15/8	D (다소 부족) 19/13/7	E (아주 부족) 15/10/5	점수
수행 결과 (표 13.1, 13.2)	30 %						
자기평가와 수행평가의 일치성	20 %						
지식 표현능력 (수행 보고서 2, 5항)	10 %						
지식 연계능력(수행 보고서 3, 4, 6, 7항)	20 %						
학습태도	20 %						
합 계							

종합 평가 :

* 지도교수의 평가서로 학생 평가, 피드백 및 차후 과제 진행에 참고자료로 활용.

** A, B, C, D 밑의 a/b/c는 반영률 30 %(a), 20 %(b), 10 %(c)의 백분율 점수.

평가 방법 및 조치

1. 자기평가와 수행평가의 일치성은 측정 데이터의 정확성과 수행 보고서를 근거로 판정.
2. 수행 보고서는 측정 데이터의 정확성을 위주로 평가.
3. 학습태도는 협동력, 집중도, 수행 자세, 정리 정돈을 중점적으로 관찰 평가.
4. 평가점수가 60점 미만이면 피드백 대상이며 부족한 부분에 대해서 보충교육 수행.

(절취선)

학습과제

14

공진회로

학습 개요

학습 과제 명	공진회로
학습 목표	- 직렬 및 공진회로의 동작원리를 이해한다. - 공진회로에서 주파수의 변화에 따른 임피던스의 변화와 그에 따른 전압 및 전류의 변화특성을 이해하며 선택도를 결정하는 양호지수 Q를 배운다.
현장 적용 예	- 라디오 및 TV의 선국(주파수 동조)회로 - 필터회로 - 탱크(tank)회로
수행 준비물	- 필기도구 - 계산기 - 수행 결과 기록지
소요 시간	90분~120분
수행 시 유의사항	- 수행에 사용할 부품의 규격에 착오가 없는지 확인한다. - 반드시 준비 작업이나 회로구성이 끝난 뒤에 전원을 넣는다(켠다). - 조 단위로 실험 시에는 상호 착오가 없는지 교차 점검한다. - 기기의 사용은 사용법을 숙지한 상태에서 행한다. - 수행 완료 후 부품 및 기기는 제 위치에 철저히 정리해 놓는다.

1 필요지식

14.1 직렬공진

그림 14.1(a)는 직렬공진회로이다. 점선부는 인덕터 코일을 나타내며 L 이외에 작지만 저항 성분 R이 포함되어 있다. L과 C의 리액턴스 $X_L(=2\pi fL)$과 $X_C(=1/2\pi fC)$가 같다면 그림에서처럼 L에 걸리는 신호파형과 C에 걸리는 신호파형의 위상이 180° 다르므로 서로 상쇄되어 그림 14.1(b)와 같이 저항(R)만 있는 회로와 같게 된다. 단, r은 R보다 상대적으로 작을 때 무시.

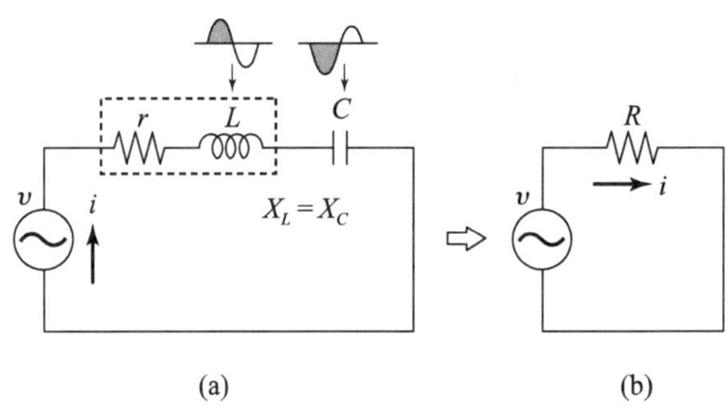

그림 14.1 직렬공진회로

그림 14.2는 주파수에 따른 X_L과 X_C의 변화곡선을 나타낸다. $X_L = X_C$일 때 즉 $X = X_L - X_C = 0$으로 임피던스($R + X$)가 최소가 되며 전류가 이 주파수에서 최대가 된다. 이때의 주파수 f_r을 공진 주파수(resonance frequency)라 한다.

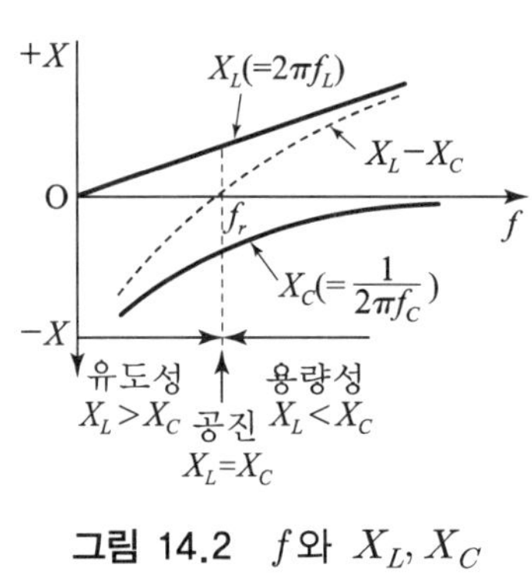

그림 14.2 f와 X_L, X_C

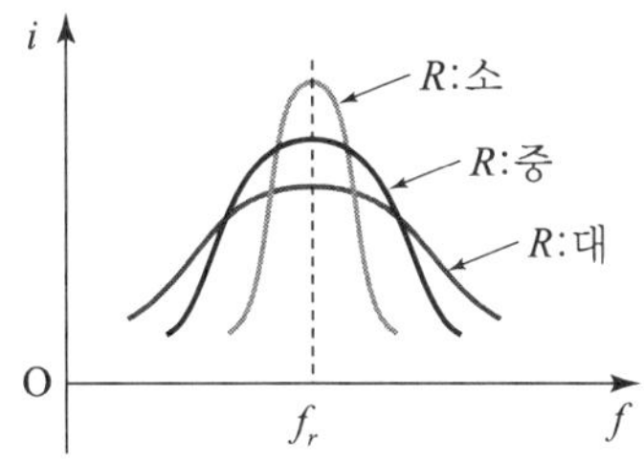

그림 14.3 f와 i

공진 주파수에서는 그림 14.1(b)와 같이 저항 R만 남게 되므로 R의 크기에 의해 전류(v/R)가 결정되며 그림 14.3과 같이 공진 주파수 부근에서의 전류특성을 나타낸다.

공진 주파수 f_r은 $X_L = X_C$이므로 $2\pi f L = \dfrac{1}{2\pi f C}$를 풀면 아래와 같다.

$$f_r = \frac{1}{2\pi\sqrt{LC}} \text{ (Hz)} \tag{14.1}$$

14.2 직렬공진의 Q

그림 14.3에서 R의 크기에 따라 공진 주파수 부근에서 전류 i의 곡선의 폭이 변함을 알 수 있으며 R이 작을수록 폭이 좁아진다. 이것은 주파수를 동조시킬 때 선택도를 좌우하며 이 지수를 코일의 양호도 Q(Quality factor)로 정의한다. 동조 점에서의 전압을 V, f_r 밖에서의 L 및 C에 걸리는 전압을 V_L, V_C라 할 때 V에 대한 V_L 또는 V_C의 비(比)로 나타내며 Q는 아래와 같다.

$$Q_L = \frac{V_L}{V} = \frac{\omega_r L}{R} = \frac{2\pi f_r L}{R} \tag{14.2a}$$

$$Q_C = \frac{V_C}{V} = \frac{1}{\omega_r RC} = \frac{1}{2\pi f_r RC} \tag{14.2b}$$

위의 식에서 Q는 1보다 훨씬 크므로 공진 시에 전압이 크게 확대됨을 알 수 있다. 따라서 직렬공진을 전압공진이라고도 한다. 라디오의 주파수 동조에 사용되는 안테나 코일은 선택성이 좋아야 하므로 페라이트 코어 위에 코일을 감아서 인덕턴스 L을 크

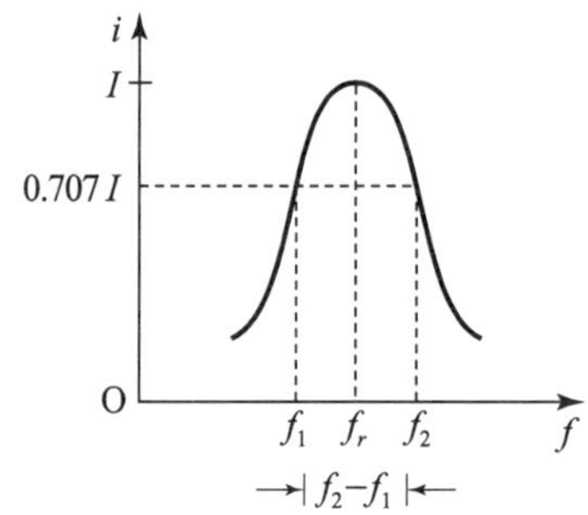

그림 14.4 Q와 선택도

게 하면서도 저항 R을 작게 하므로 코일의 Q는 200~400으로 아주 높다. 선택도의 관점에서 그림 14.3에서 공진 점에서의 전류를 I라 할 때 그 $1/\sqrt{2}\,(\fallingdotseq 0.707I)$이 되는 두 주파수 f_2, f_1의 차 f_2-f_1에 대한 공진 주파수 f_r의 비(比)를 Q로 정의하기도 한다. f_2-f_1를 대역폭(band width: B.W.)이라 하며 B.W.가 작을수록 즉 파형의 폭이 좁을수록 Q가 커진다는 것은 선택성이 높아진다는 것을 의미한다(그림 14.4). f_1, f_2는 반(1/2) 전력 점 주파수라고도 하며 아래와 같다.

$$Q=\frac{f_r}{f_2-f_1} \tag{14.3}$$

14.3 병렬공진

그림 14.5(a)는 L-C 병렬공진회로이다. L과 C의 리액턴스가 같아지면 i_L과 i_c가 크기가 같고 방향이 반대가 되므로 서로 상쇄되면서 회로전류 $i=0$으로 최소가 된다. 즉, 회로의 임피던스 Z의 크기는 최대가 되고 회로전류 i는 최소가 되는데 이를 병렬

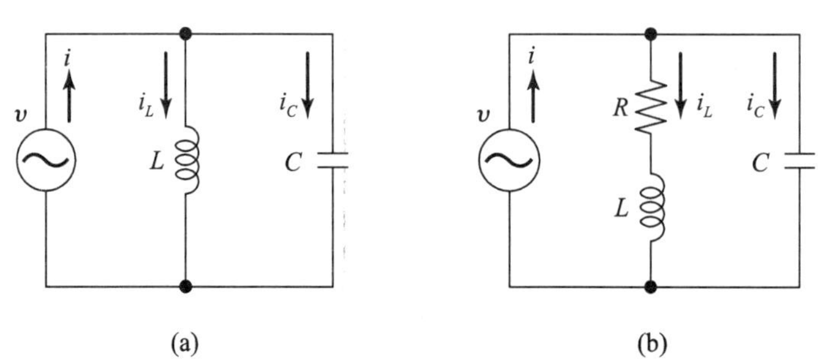

그림 14.5 병렬공진회로

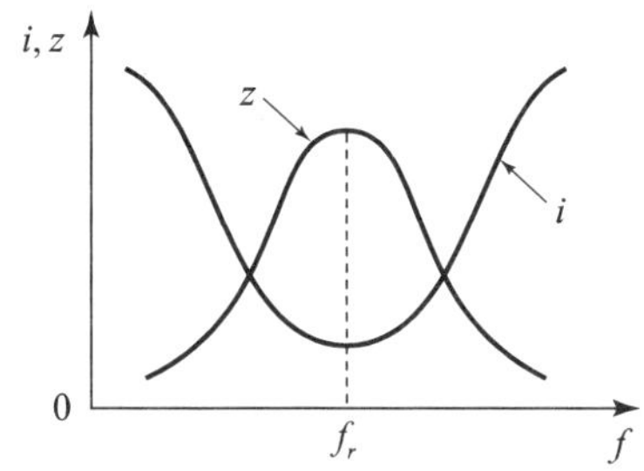

그림 14.6 f와 i, Z

공진이라 한다. 그러나 실제에 있어서는 그림 14.5(b)와 같이 코일 L에 직렬저항 R이 연결되므로 $i=0$에 가까운 최소전류상태가 된다.

그림 14.6은 병렬공진 시의 임피던스 Z와 전류 i의 주파수에 대한 특성곡선을 나타낸다.

그림 14.5(b) 회로에서 병렬공진 시의 주파수는 $X_L = X_C$, $i_L = i_c$이므로 이들 관계식을 풀면 아래와 같은 병렬공진 주파수를 얻을 수 있다.

$$f_r = \frac{1}{2\pi}\sqrt{\frac{1}{LC} - \frac{R^2}{L^2}} \ \text{(Hz)} \tag{14.4}$$

만일 R값이 0에 가깝다면 식 (14.4)는 아래와 같아져 직렬병진의 경우와 같게 된다.

$$f_r = \frac{1}{2\pi\sqrt{LC}} \ \text{(Hz)} \tag{14.5}$$

또한 병렬공진에서의 Q는 I에 대한 I_L 및 I_C의 비(比)로 나타내며 아래와 같다.

$$Q = \frac{I_L}{I} = \frac{\omega_r L}{R} \tag{14.6a}$$

$$Q = \frac{I_C}{I} = \frac{1}{\omega_r RC} \tag{14.6b}$$

직렬공진의 전압확대와 마찬가지로 I_L 및 I_C가 Q배로 전류확대가 됨을 알 수 있다. 따라서 병렬공진을 전류공진이라고도 한다. 직렬공진에서와 마찬가지로 그림 14.7과 같이 병렬공진회로의 전압특성 파형으로 Q를 구하는 방법도 있다.

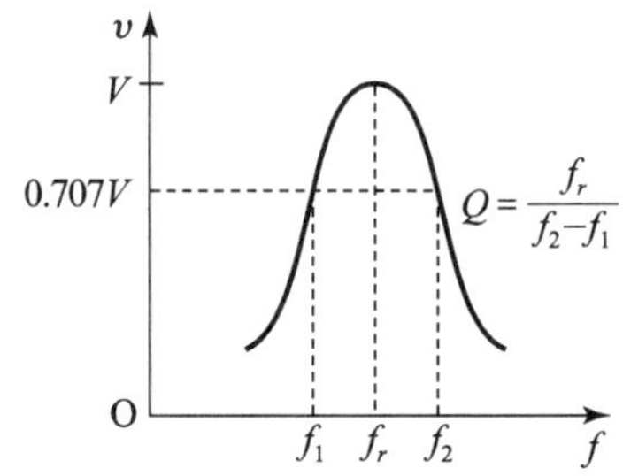

그림 14.7 Q를 구하는 v 곡선파형

2 소요 기기 및 재료

구 분	명 칭	규 격	수 량
소요 기기	1. 오실로스코프(2ch)	아날로그 또는 디지털	1
	2. 브레드 보드 또는 전용 실습장치(Trainer)	82×55 mm 이상	1
소요 재료	1. 저항	10 Ω, 1/4 W 100 Ω, 〃 10 kΩ, 〃	1 1 1
	2. 인덕터	100 mH	1
	3. 커패시터	마일라, 0.01 μF, 50 V 〃 , 0.1 μF, 〃 전해 4.7 μF, 50 V	1 1 1
	4. 단심 연결선	0.6 Φ, 3~5 cm	4~6

3 과제 수행 순서

1. 그림 14.8의 직렬공진회로에서 ⓐ, ⓓ에 정현파 신호발생기(S.G.)와 오실로스코프의 ch1 프로브를 연결한 뒤 S.G.의 출력이 주파수 $f=5$ kHz, 전압 $V_{p-p}=2$ V가 되도록 조정해 놓으시오.

2. ⓒ, ⓓ에 오실로스코프의 ch2 프로브를 연결한 뒤 화면상의 파형을 관찰하면서 S.G.의 주파수를 위아래로 약간씩 조절하여 ⓒ, ⓓ에서의 전압이 최대가 될 때의 전압 V_m(최댓값)과 ch1 또는 ch2의 주파수 f_r을 측정하여 표 14.1에 기입하시오.

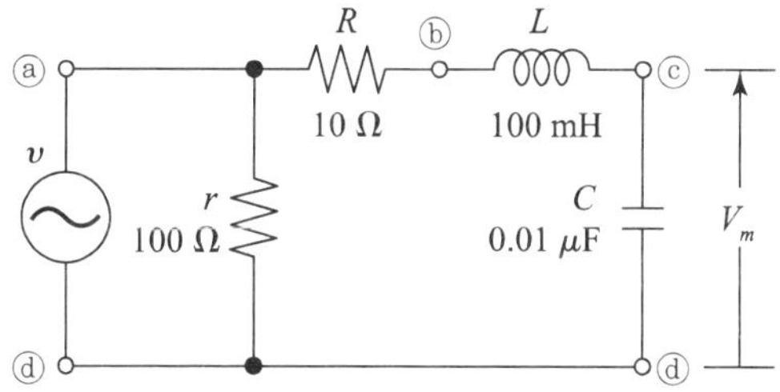

그림 14.8 직렬공진회로

표 14.1

구 분	측 정				계 산	측정	계산
	V_m(V)	V_R(V)	f_1(kHz)	f_2(kHz)	f_2-f_1(kHz)	f_r(kHz)	f_r(kHz)
$C=0.01$ μF							
$C=4.7$ μF							

3. 위에서의 상태를 유지하면서 ch2 프로브의 위치를 바꾸어 ⓑ, ⓓ 간의 전압 V_R(최댓값)을 오실로스코프로 측정하여 표 14.1에 기입하시오.

4. 다시 ch2 프로브를 ⓒ, ⓓ에 연결하고 위의 실험 1, 2를 반복하여 ⓒ, ⓓ 간의 전압이 V_m의 0.707이 되는 주파수 f_1(아래), f_2(위)를 오실로스코프로 측정하여 표 14.1의 해당란에 기입하시오.

5. C를 4.7 μF로 바꿔서 위의 수행 1, 2를 반복하시오.

6. 그림 14.9의 병렬공진회로에서 $f = 5$ kHz, $V_{p-p} = 1$ V의 정현파 신호발생기를 ⓐ, ⓒ에, 오실로스코프의 ch1 프로브를 ⓑ, ⓒ에 연결한 뒤 주파수를 5 kHz 위 아래로 약간씩 조절하여 ⓑ, ⓒ 간의 전압 V_R(최댓값)과 주파수 f_r을 오실로스코프로 측정하여 표 14.2에 기입하시오.

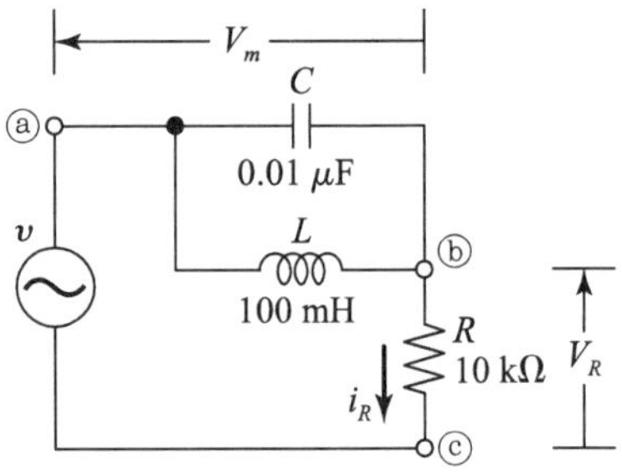

그림 14.9 병렬공진회로

표 14.2

구 분	측 정				계 산	측정	계산
	V_R(V)	V_m(V)	f_1(kHz)	f_2(kHz)	$f_2 - f_1$(kHz)	f_r(kHz)	f_r(kHz)
$C = 0.01$ μF							
$C = 0.1$ μF							

7. ch1 프로브의 위치를 바꾸어 ⓐ, ⓑ 간의 전압 V_m(최댓값)을 측정하여 표 14.2에 기입하시오.

8. 위의 상태에서 주파수를 조정하여 ⓑ, ⓒ 간의 전압이 0.707 V_m이 되는 아래 위의 주파수 f_1, f_2를 측정하여 표 14.2에 기입하시오.

9. C를 0.1 μF로 바꾸어 위의 5, 6을 반복하여 그 결과를 표 14.2에 기입하시오.

10. 위의 상태에서 $C = 0.01\,\mu$F일 때 표 14.3의 각 주파수에서의 전압 V(ⓐ, ⓒ 간), V_R(ⓑ, ⓒ 간)을 측정하여 표 14.3에 기입하고 $I_R(V_R/R)$을 계산하여 역시 표 14.3에 기입하시오.

표 14.3

구 분	f_r+1k	f_r+2k	f_r+3k	f_r+4k	f_r-1k	f_r-2k	f_r-3k	f_r-4k
V(V)								
V_R(V)								
계산 I_R(mA)								
계산 V_C(V)								

11. L, C에 걸리는 전압 $V_C(= V - V_R)$를 계산으로 구하여 표 14.3에 기입하시오.

수행 보고서

과제 14	공진회로	학번 :	성명 :

1. 수행 1~수행 11의 결과(표 14.1~표 14.3)를 적어 보시오.

표 14.1

구 분	측정				계산	측정	계산
	V_m(V)	V_R(V)	f_1(kHz)	f_2(kHz)	f_2-f_1(kHz)	f_r(kHz)	f_r(kHz)
$C=0.01\ \mu$F							
$C=4.7\ \mu$F							

(절취선)

표 14.2

구 분	측정				계산	측정	계산
	V_R(V)	V_m(V)	f_1(kHz)	f_2(kHz)	f_2-f_1(kHz)	f_r(kHz)	f_r(kHz)
$C=0.01\ \mu$F							
$C=0.1\ \mu$F							

표 14.3

구 분	f_r+1k	f_r+2k	f_r+3k	f_r+4k	f_r-1k	f_r-2k	f_r-3k	f_r-4k
V(V)								
V_R(V)								
계산I_R(mA)								
계산V_C(V)								

2. 수행 1~수행 4의 결과(표 14.1)로부터 직렬공진회로의 Q의 측정값과 계산값을 비교해서 기술하시오.

3. 표 14.1의 측정 V_m과 V_R의 비(식 14.2)로 Q를 구해서 적으시오.

4. 위의 2와 3이 일치하는지를 비교하고 오차가 있다면 그 이유를 적으시오.

5. 표 14.1에서 f_r의 측정값과 계산값을 비교해서 적으시오.

6. 수행 4의 결과에서 측정한 f_r과 표 14.1의 결과를 비교해 보고 차이가 있다면 그 이유가 무엇인지를 적으시오.

7. 수행 6~9의 결과(표 14.2)로부터 병렬공진의 Q를 구하여 측정값과 계산값을 비교해서 적으시오.

8. 수행 10, 11의 결과(표 14.3)로 전류 $i(=i_R)$의 주파수 특성곡선을 다음 그래프에 그리시오.

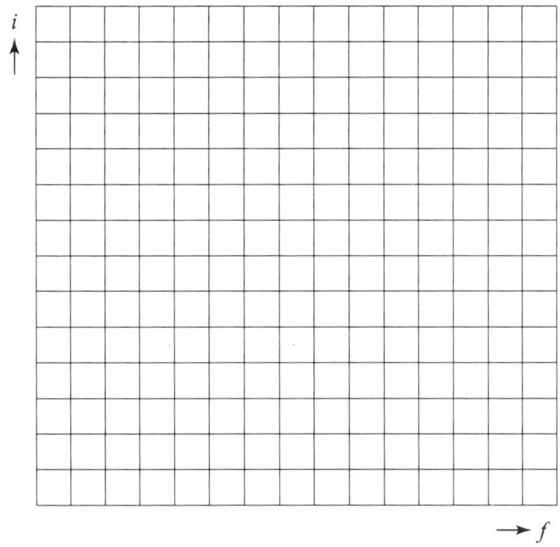

9. 수행 10, 11의 결과로 임피던스 $Z(=V_C/i_R)$를 계산하여 그 주파수 특성곡선을 그래프에 그리시오.

(절취선)

10. 수행 11의 결과로 L, C에 걸리는 전압 $v(=V_C)$의 주파수 특성곡선을 그래프에 그리시오.

(절취선)

자기 평가서

과제 14	공진회로	학번 :	성명 :

순번	학습내용	확실하게 이해	보통 이해	이해 미흡
1	직렬공진회로에서의 공진 주파수 f_r과 Q			
2	직렬공진회로에서의 i의 주파수 특성곡선			
3	f_1, f_2에 의해 Q를 구하는 법			
4	병렬공진회로에서의 공진 주파수 f_r과 Q			
5	병렬공진회로에서의 v의 주파수 특성곡선			
6	직렬공진과 병렬공진의 차이점			
7	측정과 계산에서 발생하는 오차발생의 원인			
8	과제 수행 후 만족감(○표)	상	중	하

종합 소견 평 :

* 학생이 과제 수행을 마치고 학습내용에 대한 본인의 이해도를 스스로 평가함.

수행 평가서

과제 14	공진회로	학번 :	성명 :

내 용	반영률	A (아주 우수) 29/19/10	B (우수) 26/17/9	C (보통) 23/15/8	D (다소 부족) 19/13/7	E (아주 부족) 15/10/5	점수
수행 결과(표 14.1~14.3)	30 %						
자기평가와 수행평가의 일치성	20 %						
지식 표현능력 (수행 보고서 2, 3, 4항)	10 %						
지식 응용능력(수행 보고서 8, 9, 10항)	10 %						
지식 연계능력(수행 보고서 5, 6, 7항)	10 %						
학습태도	20 %						
합 계							

종합 평가 :

* 지도교수의 평가서로 학생 평가, 피드백 및 차후 과제 진행에 참고자료로 활용.

** A, B, C, D 밑의 a/b/c는 반영률 30 %(a), 20 %(b), 10 %(c)의 백분율 점수.

(절취선)

평가 방법 및 조치

1. 자기평가와 수행평가의 일치성은 측정 데이터의 정확성과 수행 보고서를 근거로 판정.
2. 수행 보고서는 측정 데이터의 정확성을 위주로 평가.
3. 학습태도는 협동력, 집중도, 수행 자세, 정리 정돈을 중점적으로 관찰 평가.
4. 평가점수가 60점 미만이면 피드백 대상이며 부족한 부분에 대해서 보충교육 수행.

학습과제

15

교류전력과 역률

학습 개요

학습 과제 명	교류전력과 역률
학습 목표	- 피상전력, 유효전력, 무효전력과 역률의 의미를 이해한다. - 앞에서 배운 R, L, C 회로와 연관시켜 이들 값을 구하는 방법을 배운다.
현장 적용 예	- 전기 및 전자기기의 설계 - 전기설비 설치 및 운용 - 전기 선로에서나 배전 시 전력손실 최소화
수행 준비물	- 필기도구 - 계산기 - 수행 결과 기록지
소요 시간	90분~120분
수행 시 유의사항	- 수행에 사용할 부품의 규격에 착오가 없는지 확인한다. - 반드시 준비 작업이나 회로구성이 끝난 뒤에 전원을 넣는다(켠다). - 조 단위로 실험 시에는 상호 착오가 없는지 교차 점검한다. - 기기의 사용은 사용법을 숙지한 상태에서 행한다. - 수행 완료 후 부품 및 기기는 제 위치에 철저히 정리해 놓는다.

1 필요지식

15.1 교류전력

교류전류나 전압은 시간에 따라 수시로 변하기 때문에 순시전압 v와 순시전류 i의 곱으로 순시전력 p를 나타낸다. 또 순시전력의 한 주기 동안의 값을 평균한 전력을 교류전력이라 정의한다.

$$p = vi \text{ (W)} \tag{15.1}$$

이해하기 쉽게 그림 15.1(a)와 같이 저항만 있는 회로에서는 전압과 전류의 위상이 같고 크기만 다르므로 이 둘을 곱하면 값이 모든 점에서 +이고 반주기마다 같은 파형이 반복되므로 평균값은 전압 및 전류의 평균값의 곱으로 그림 15.1(b)에서 굵은 선으로 그은 값이다.

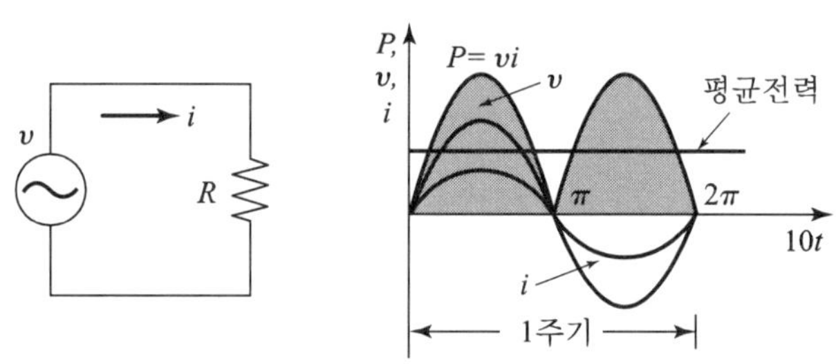

(a) (b)

그림 15.1 저항회로의 v, i, p 파형

그림 15.2(a), (b)는 인덕터 또는 커패시터만 있는 회로의 v, i, p의 파형을 나타낸다.

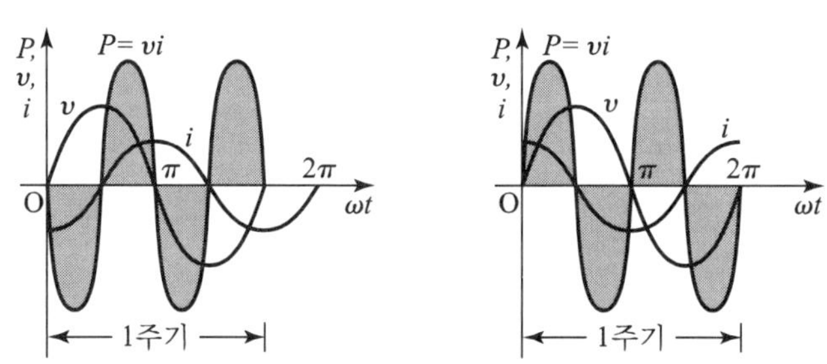

(a) L 회로 (b) C 회로

그림 15.2 L, C 회로의 v, i, p 파형

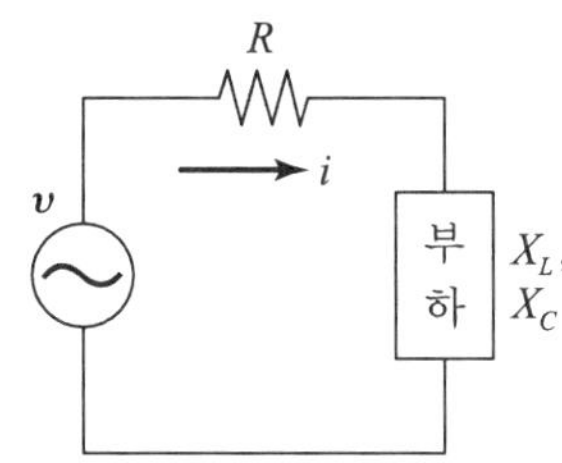

그림 15.3 R, L, C 회로

L만의 회로에서는 1주기(2π) 넷으로 나누어 보면 1/4주기($\pi/2$) 간격으로 −전력, +전력을 반복하고 있으며 반면 C만의 회로에서는 1/4주기($\pi/2$) 간격으로 +전력, −전력을 반복하고 있다. +전력이란 발전소 또는 전압 원으로부터 전압을 공급받는 경우이고, 반대로 −전력은 공급받은 전력을 되돌려 보내는 경우를 말한다. 따라서 그림의 회색부에서 보는 바와 같이 반주기 간의 순시전력의 평균값은 0이 되므로 L, C에서는 전력소비가 없다는 의미이다.

교류전력을 식으로 살펴보기 위해 $v = V_m \sin\omega t = \sqrt{2}\,V\sin\omega t$라 하면 그림 15.3과 같은 일반적인 R, L, C 회로에서의 전류는 전압과 전류가 θ의 위상차이가 있으므로 $i = I_m \sin(\omega t - \theta) = \sqrt{2}\,I\sin(\omega t - \theta)$가 된다. 여기서 V, I는 전압 및 전류의 실효치를 말하고 $\theta > 0$이면 용량성, $\theta < 0$이면 유도성이다. 따라서 교류전력 p는 아래와 같다.

$$p = \sqrt{2}\,V\sin\omega t \cdot \sqrt{2}\,I\sin(\omega t - \theta)\ (\mathrm{W}) \tag{15.1}$$

$\sin A \cdot \sin B = \frac{1}{2}[\cos(A-B)] - \frac{1}{2}[\cos(A+B)]$이므로 이를 적용하면

$$p = VI\cos(\omega t - \omega t + \theta)\,VI\cos(\omega t + \omega t - \theta)\ (\mathrm{W}) \tag{15.2}$$

가 되며 이를 정리하여 풀면 아래의 결과 식을 얻는다.

$$p = VI\cos\theta - VI\cos(2\omega t - \theta)\ (\mathrm{W}) \tag{15.3}$$

위의 식에서 $2\omega t$인 둘째 항의 평균을 취하면 그 값이 0이 되므로 아래와 같은 최종 식을 얻는다.

$$p = VI\cos\theta\ (\mathrm{W}) \tag{15.4}$$

식 (15.4)를 벡터로 나타내면 그림 15.4와 같이 실수부 $VI\cos\theta$에 해당하며 이를 유

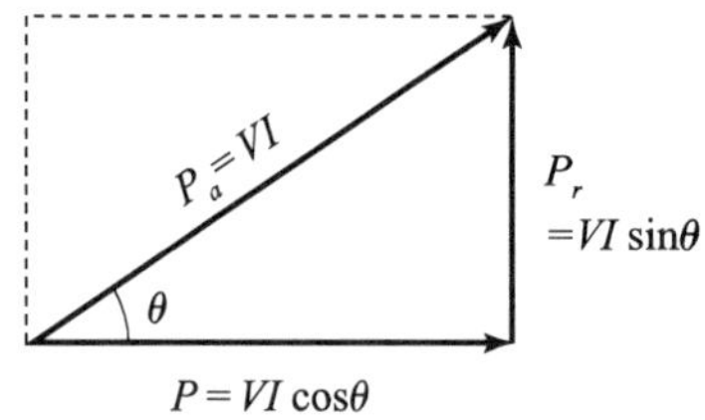

그림 15.4 R, L, C 회로의 교류전력

효전력이라 한다. 허수부 $VI\sin\theta$는 인덕터나 커패시터 성분으로 실제에 있어서 전력 소비가 없으므로 무효전력 p_r이라 하며 그 단위는 var이다. 또한 이들의 합성벡터인 VI는 피상전력 p_a라 하며 겉보기 전력이라고도 하고 그 단위는 VA이다.

$$\text{유효전력}: p = VI\cos\theta \text{ (W)} \tag{15.5a}$$

$$\text{무효전력}: p = VI\cos\theta \text{ (var)} \tag{15.5b}$$

$$\text{피상전력}: p = VI\cos\theta \text{ (VA)} \tag{15.5c}$$

유효전력이란 실제 소모되는 전력을 말하며 저항 성분에서의 전력이다. 유효전력을 나타내는 식 (15.4)에서 $\cos\theta$를 역률 pf(power factor)라 하며 최소 0에서 최대 1까지의 값으로 $\cos 90° = 0$, $\cos 0° = 1$이다. 일반적으로 가전기기의 역률 값은 0.8~0.9이지만 역률을 높이면 그만큼 전력을 효율적으로 사용한다는 의미이다. 가장 이상적인 경우는 피상전력에 가까워지기 위해 그림 15.4에서 유도성(L)이나 용량성(C) 성분이 p_r을 0으로 만드는 것이다. 피상전력은 전기설비나 가전기기 등의 사용할 수 있는 최대용량을 나타내기 위한 것으로 그 이상으로 사용한다면 기기의 손상을 초래하는 용량이므로 주요제품에 대부분 명기되어 있다. 교류전력계는 그림 15.5와 같이 전압코일과

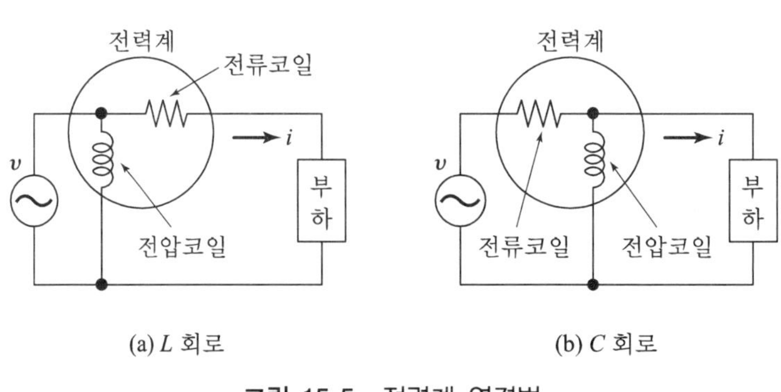

그림 15.5 전력계 연결법

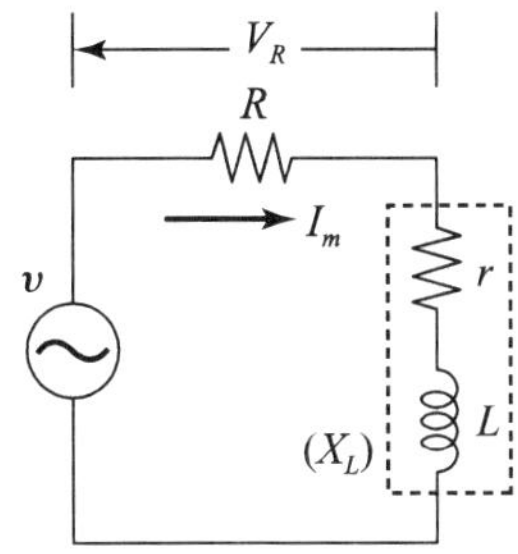

그림 15.6 R, L, C 회로의 역률

전류코일에 감지되는 전압과 전류의 크기를 곱한 값으로 지시기를 동작시키는 원리이며 그림 15.5(a)와 같이 전압코일부가 앞에 연결되면 높은 전압, 전류, 그림 15.5(b)와 같이 전류코일 뒤에 연결하면 낮은 전압, 전류의 측정 시 적용된다.

그림 15.6의 L부하회로에서 전압계만 사용하여 전력을 구할 경우 R에 걸리는 전압 V_R과 전원 전압 V_m을 측정하여 먼저 V_R/R에 의해 구한 회로전류 I_m으로 전체 임피던스의 크기 Z를 V_m/I_m으로 구한 뒤 벡터의 실수부에 해당하는 전체 R값과 Z벡터를 이용해 역률 $\cos\theta$ 및 각 전력을 구하며 그 순서는 아래와 같다. 그림 15.6에서 점선 부의 r은 유도성 부하에 포함된 내부저항을 나타낸다.

1. 저항 R 양단의 전압 V_R을 측정한다.
2. V_R/R에 의해 $I_m(=\sqrt{2}\,V)$을 구한다.
3. 공급전압의 최댓값 V_m을 I_m으로 나누어 임피던스의 크기 Z를 구한다.
4. 전체 회로의 합성저항 R 성분 $R'(=R+r)$를 구한다.
5. 구한 Z와 R'로 역률 pf를 구한다. → $pf=\cos\theta=\dfrac{R'}{Z}$
6. 위의 2, 3에서 구한 I_m, V_m으로 피상전력 p_a를 구한다. → $p_a=VI=(V_m/\sqrt{2})(I_m/\sqrt{2})$
7. 유효전력 p를 구한다. → $p=VI\cos\theta$
8. 무효전력 p_r을 구한다. → $p_r=\sqrt{p_a^2-p^2}$

보충설명을 하자면 그림 15.7(a)는 인덕터(L) 부하회로이다. I_m, V_m 대신 실효값 $\sqrt{2}\,I$, $\sqrt{2}\,V$로 나타내었다. 그림 15.7(b)의 벡터도에서와 같이 p_a, p_r, p는 $(\sqrt{2}\,I)^2Z$,

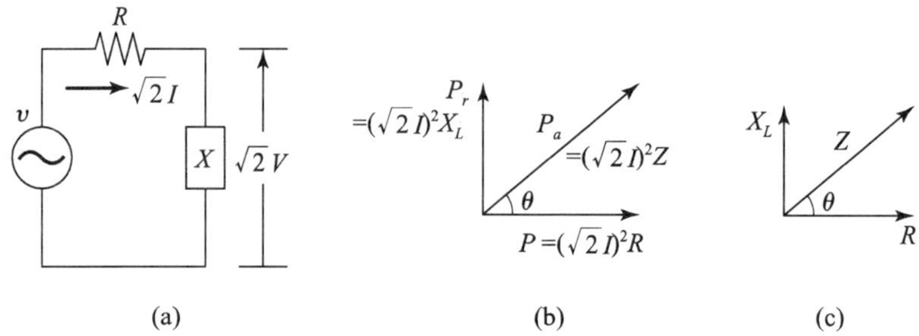

그림 15.7 L부하회로의 역률과 전력

$(\sqrt{2}I)^2X$, $(\sqrt{2}I)^2R$로 $(\sqrt{2}I)^2$이 공통이므로 임피던스의 벡터도는 그림 15.7(c)와 같다. 여기서 θ는 같은 값이므로 $\cos\theta = (\sqrt{2}I)^2R/(\sqrt{2}I)^2Z = R/Z$이 된다.

그림 15.8(a)는 C부하회로이다. 점선부 안의 L은 커패시터에 포함된 내부 인덕턴스를 나타낸다. 노턴의 등가회로로 고치면 그림 15.8(b)와 같은 회로가 된다.

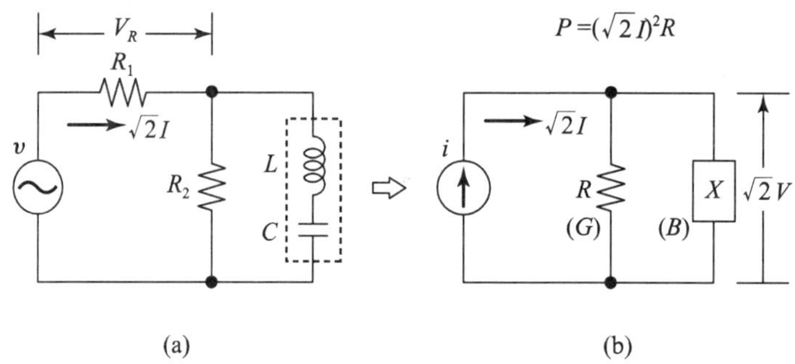

그림 15.8 C부하회로의 역률, 전력

전류 원 회로로 바뀌었으므로 임피던스 대신 어드미턴스로 계산하자면 R, C 대신 컨덕턴스 G와 서셉턴스 B가 된다. p, p_r, p_a는 $(\sqrt{2}V)^2G$, $(\sqrt{2}V)^2B$, $(\sqrt{2}V)^2Y$이므로 Y벡터도는 그림 15.9(b)와 같다.

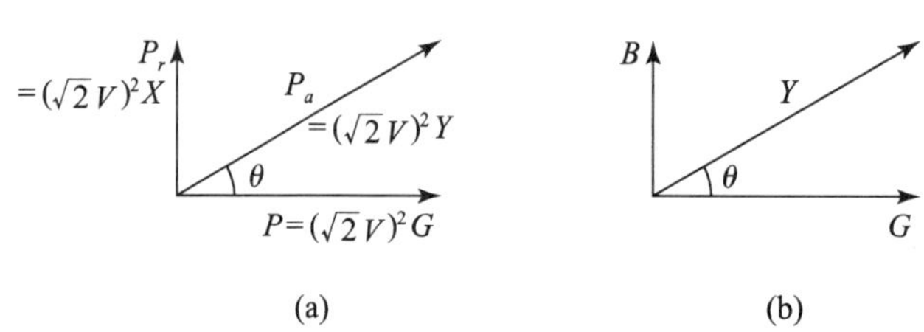

그림 15.9 C부하회로의 벡터도

C부하회로에서 전압계만 사용하여 역률 및 전력을 구할 경우 그 순서는 아래와 같다.

1. 저항 R 양단의 전압 V_R을 측정하여 회로전류 $\sqrt{2}I$를 구한다.
2. 그림 15.9(b)의 $G(=(R_1+R_2/R_1R_2)$, $B(=1/\omega L+\omega C)$를 구한다.
3. $\sqrt{2}V(=\sqrt{2}IG)$를 구한다.
4. $Y(=\sqrt{2}I/\sqrt{2}V)$를 구한다.
5. 역률 $\cos\theta(=G/Y)$를 구한다.
6. 위의 1, 3에서 구한 값을 $\sqrt{2}$로 나눈 값 I, V로 p_a를 구한다. → $p_a=VI$
7. 유효전력 p를 구한다. → $p=VI\cos\theta$
8. 무효전력 p_r을 구한다. → $p_r=\sqrt{p_a^2-p^2}$

2 소요 기기 및 재료

구 분	명 칭	규 격	수 량
소요 기기	1. 오실로스코프(2ch)	아날로그 또는 디지털	1
	2. 브레드 보드 또는 전용 실습장치(Trainer)	82×55 mm 이상	1
소요 재료	1. 저항	100 Ω, 1/4 W 1 kΩ, 〃	2 2
	2. 인덕터	100 mH	1
	3. 커패시터	전해, 1 μF, 50 V	1
	4. 단심 연결선	0.6 Φ, 3~5 cm	4~6

3 과제 수행 순서

1. 그림 15.10과 같은 C부하회로에 $f = 100\text{ Hz}$, $V_{p-p} = 2.8\text{ V}$의 정현파를 공급전압으로 가했을 때 R_1에 걸리는 전압(ⓐ, ⓑ 간) V_{R1}(최댓값)을 오실로스코프로 측정하여 표 15.1에 기입하시오.

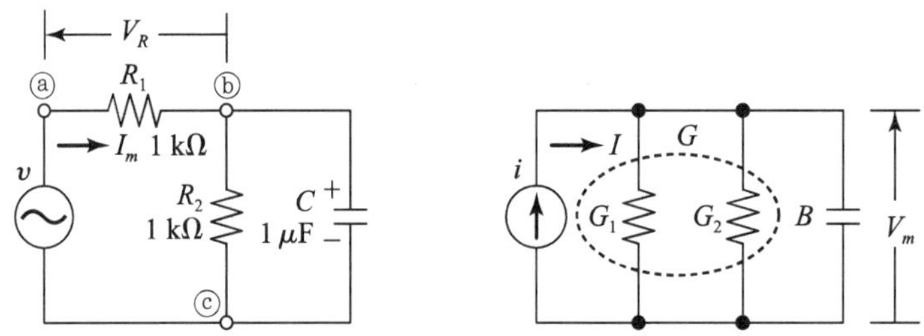

(a) (b)

그림 15.10 커패시터 부하회로

표 15.1

V_{R1}(V)	G(mS)	I_m(mA)	V_m(V)	Y(mS)	$pf = \cos\theta$	p_a(mVI)	p(mW)	p_r(mvar)

2. 그림 15.10(a)에 대한 등가회로 그림 15.10(b)에서 합성컨덕턴스 $G = (R_1 + R_2)/(R_1R_2)$를 구하여 표 15.1에 기입하시오.

3. 측정에 의해 구한 V_{R1}값으로 $I_m(= \sqrt{2}\,I)$을 계산하여 표 15.1에 기입하시오.

4. 그림 15.10(b)의 V_m을 구하시오.

5. 앞에서 구한 I_m, V_m을 이용해서 어드미턴스의 크기 $Y(= I_m / V_m)$를 구하여 표 15.1에 기입하시오.

6. 역률 $pf(=\cos\theta = G/Y)$를 구하여 표 15.1에 기입하시오.

7. 피상전력 $p_a(=VI)$를 구하여 표 15.1에 기입하시오. 단, $V \fallingdotseq V_m/1.414$, $I \fallingdotseq I_m/1.414$.

8. 유효전력 $p(=VI\cos\theta)$를 구하여 표 15.1에 기입하시오.

9. 무효전력 $p_r(=\sqrt{p_a^2 - p^2})$을 구하여 표 15.1에 기입하시오.

10. 그림 15.11에 $f = 100\text{ Hz}$, $V_{p-p} = 2.8\text{ V}$의 정현파를 공급전압으로 가했을 때 R_1에 걸리는 전압(ⓐ, ⓑ 간) V_{R1}(최댓값)과 V_m(ⓐ, ⓒ 간)을 오실로스코프로 측정하여 표 15.2에 기입하시오.

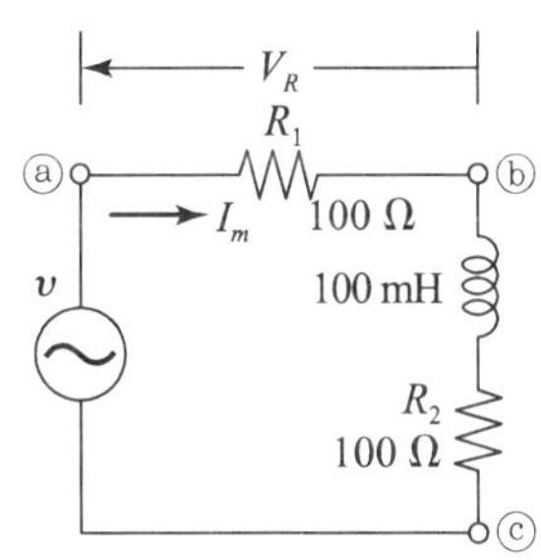

그림 15.11 인덕터 부하 회로

표 15.2

내부 저항	V_{R1}(V)	V_m(V)	$R(\Omega)$	I_m(mA)	$Z(\Omega)$	$pf(=\cos\theta)$	p_a(mW)	p(mW)	p_r(mW)
O									
Y									

11. 합성저항 $R(=R_1 + R_2)$을 계산하여 표 15.2에 기입하시오.

12. $I_m(=V_{R1}/R)$을 계산하여 표 15.2에 기입하시오.

13. $Z(=V_m/I_m)$를 계산하여 표 15.2에 기입하시오.

14. 역률$(=R/Z)$을 계산하여 표 15.2에 기입하시오.

15. 피상전력 $p_a(=VI=V_m I_m/2)$을 계산하여 표 15.2에 기입하시오.

16. 유효전력 $p_a(=VI\cos\theta)$을 계산하여 표 15.2에 기입하시오.

17. 무효전력 $p_r(=\sqrt{p_a^2-p^2})$을 계산하여 표 15.2에 기입하시오.

18. 그림 15.11에서 인덕터 코일에 내부저항 $r=100\,\Omega$이 있다고 할 때 합성저항은 R_1+R_2+r이다. 이 경우의 Z, pf, p_a, p, p_r을 계산하여 적으시오.

수행 보고서

과제 15	교류전력과 역률	학번 :	성명 :

1. 수행 1~수행 17의 결과(표 15.1, 표 15.2)를 적어 보시오.

표 15.1

V_{R1}(V)	G(mS)	I_m(mA)	V_m(V)	Y(mS)	$pf=\cos\theta$	p_a(mVI)	p(mW)	p_r(mvar)

표 15.2

내부 저항	V_{R1}(V)	V_m(V)	$R(\Omega)$	I_m(mA)	$Z(\Omega)$	$pf(=\cos\theta)$	p_a(mW)	p(mW)	p_r(mW)
0									
r									

2. 그림 15.10(b)에서 $C=1\ \mu$F의 B_C값을 $\omega C=2\pi f$에 대입하여 계산으로 구한 값과 수행 1~수행 9의 결과(표 15.1)의 Y, G의 벡터 $\sqrt{Y^2-G^2}$으로 계산한 값과 일치하는지를 비교하여 적으시오.

3. 표 15.1로부터 C값이 작아지면 역률이 어떻게 변하는지에 대해서 적으시오.

4. 수행 10~수행 17의 결과(표 15.2) 데이터를 근거로 해서 X_L의 값을 구한 값을 적으시오.

(절취선)

5. 그림 15.11 회로에서 인덕터의 $X_L(=2\pi fL)$을 계산에 의해 구해 보시오.

6. 수행 13에서 Z와 데이터를 수행 18에서 구한 $p_r(=\sin\theta = X_L/Z)$을 이용해 구한 값과 4, 5항에서 구한 값을 비교해보고 만일 차이가 난다면 그 이유가 무엇인지 적으시오.

7. 그림 15.11(a) 회로에서 L이 커진다면 역률이 어떻게 변하는지를 적으시오.

자기 평가서

과제 15	교류전력과 역률	학번 :	성명 :

순번	학습내용	확실하게 이해	보통 이해	이해 미흡
1	교류전력의 표현식			
2	인덕터와 커패시터에서의 교류전력			
3	역률의 의미와 중요성			
4	무효전력과 유효전력의 차이점			
5	피상전력의 필요성			
6	역률의 개선방법			
7	L부하와 C부하의 전력 및 역률 계산법			
8	과제 수행 후 만족감(○표)	상	중	하

종합 소견 평 :

* 학생이 과제 수행을 마치고 학습내용에 대한 본인의 이해도를 스스로 평가함.

(절취선)

수행 평가서

과제 15	교류전력과 역률	학번 :	성명 :

내 용	반영률	A (아주 우수) 29/19/10	B (우수) 26/17/9	C (보통) 23/15/8	D (다소 부족) 19/13/7	E (아주 부족) 15/10/5	점수
수행 결과 (표 15.1, 표 15.2)	30 %						
자기평가와 수행평가의 일치성	20 %						
지식 표현능력(수행 보고서 3, 4, 5, 7항)	20 %						
지시 연계능력 (수행 보고서 2, 6항)	10 %						
학습태도	20 %						
합 계							

종합 평가 :

* 지도교수의 평가서로 학생 평가, 피드백 및 차후 과제 진행에 참고자료로 활용.

** A, B, C, D 밑의 a/b/c는 반영률 30 %(a), 20 %(b), 10 %(c)의 백분율 점수.

평가 방법 및 조치

1. 자기평가와 수행평가의 일치성은 측정 데이터의 정확성과 수행 보고서를 근거로 판정.
2. 수행 보고서는 측정 데이터의 정확성을 위주로 평가.
3. 학습태도는 협동력, 집중도, 수행 자세, 정리 정돈을 중점적으로 관찰 평가.
4. 평가점수가 60점 미만이면 피드백 대상이며 부족한 부분에 대해서 보충교육 수행.

(절취선)

학습과제

16

저역 및 고역통과 필터

학습 개요

학습 과제 명	저역 및 고역통과 필터
학습 목표	- 저역 및 고역통과 필터의 주파수 특성을 이해한다. - 저역 및 고역 차단주파수 f_{cl}과 f_{ch}를 구하는 식을 익힌다. - $f_{ch}-f_{cl}$를 이용해 필터의 선택성 지표인 Q를 구하는 법을 익힌다.
현장 적용 예	- 톤 컨트롤 회로 - 이퀄라이저 회로 - 노이즈 필터 - 직류 정류회로
수행 준비물	- 필기도구 - 계산기 - 수행 결과 기록지
소요 시간	90분~120분
수행 시 유의사항	- 수행에 사용할 부품의 규격에 착오가 없는지 확인한다. - 반드시 준비 작업이나 회로구성이 끝난 뒤에 전원을 넣는다(켠다). - 조 단위로 실험 시에는 상호 착오가 없는지 교차 점검한다. - 기기의 사용은 사용법을 숙지한 상태에서 행한다. - 수행 완료 후 부품 및 기기는 제 위치에 철저히 정리해 놓는다.

1 필요지식

16.1 저역통과 필터

저역통과 필터(Low Pass Filter: L.P.F.)란 낮은 주파수는 통과되지만 높은 주파수가 차단되는 회로를 말한다. 그림 16.1(a), (b)는 L-R, R-C 직렬회로의 R 또는 C에서 출력전압을 취하는 저역통과 필터회로이다. L과 C의 임피던스는 $X_L = 2\pi fL$ 및 $X_C = 1/2\pi fC$로 주파수 f가 낮은 경우에 그 크기는 아래의 표 16.1과 같다. 단, $f =$ 100 Hz, $L = 10$ mH, $R = 10$ kΩ, $C = 100$ μF인 경우의 예이다.

표 16.1에서 보는 바와 같이 그림 16.1(a), (b)에서 입력단에 직렬로 연결된 X_L이나 R의 상대적인 크기는 약 1000분의 1 정도이므로 그림 16.1(c)와 같이 a, b는 단락상태에 가까우므로 입력단에서 보내는 저역 주파수 신호는 그대로 통과되어 출력단에 나타난다고 볼 수 있다. 이상적인 저역통과 필터는 그림 16.2와 같이 저역에 해당하는 일정 주파수까지 입력전압 V가 감쇠 없이 그대로 출력 측에 나타나야 되지만 주파수가 증가함에 따라 입력단에 직렬로 연결된 L(그림 16.1a)의 임피던스가 0을 유지하든가 출력단의 C(그림 16.1b)의 임피던스가 ∞를 유지해야 되지만 실제는 그렇지가 못하기 때문에 점선의 곡선과 같이 주파수 증가에 따라 출력전압이 떨어지게 된다. 이 점선으

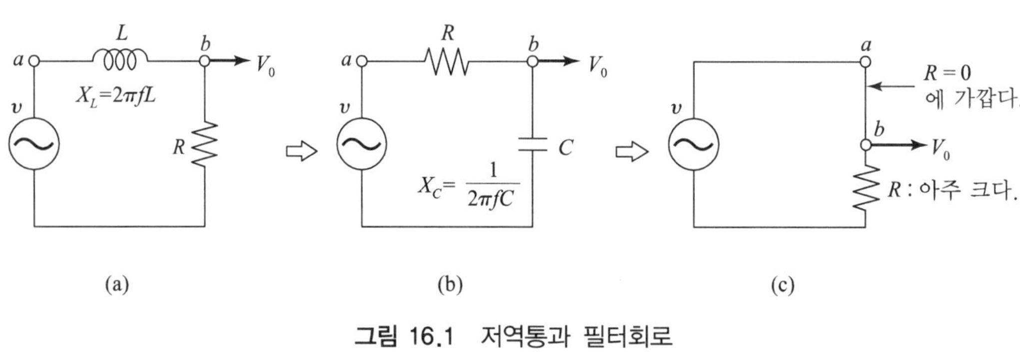

그림 16.1 저역통과 필터회로

표 16.1

구 분	$X_L(\Omega)$	$X_C(\Omega)$	$R(\Omega)$	X_L/R	R/X_C
$f = 100$ Hz	6.28	16	10000	6.28/10000	16/10000

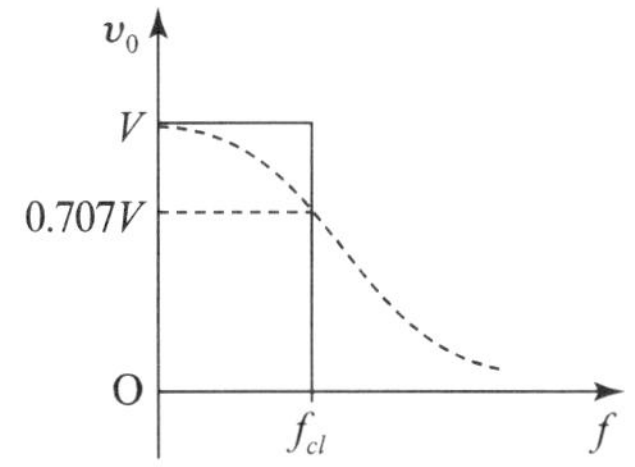

그림 16.2 L.P.F.의 f 특성

로 나타낸 곡선을 저역통과 필터의 주파수 특성곡선이라 한다.

그림 16.2에서 출력전압 v_o가 $1/\sqrt{2}(=0.707)V$로 떨어지는 주파수를 저역차단 주파수 f_{cl}이라 하며 R과 $X_L(=2\pi fL)$ 또는 $X_C(=1/2\pi fC)$가 같게 되는 주파수이므로 $R=2\pi f_{cl}L$, $R=1/2\pi f_{cl}C$을 풀면 아래와 같이 그림 16.1(a) 및 그림 16.1(b)의 f_{cl}이 구해진다.

$$L\text{-}R\text{회로}: \ f_{cl}=\frac{R}{2\pi L} \ (\text{Hz}) \tag{16.1a}$$

$$R\text{-}C\text{회로}: \ f_{cl}=\frac{1}{2\pi RC} \ (\text{Hz}) \tag{16.1b}$$

그림 16.1(a) 회로에서 입력전압 V, 출력전압 V_o라 하면 전체 임피던스의 크기 $Z=\sqrt{R^2+X_L^2}$ 이므로 $V_o=\dfrac{R}{\sqrt{R^2+X_L^2}}\times V$가 되며 $R=X_L$을 대입하면 $V_o=\dfrac{1}{\sqrt{2}}V$ $\fallingdotseq 0.707\,V$가 된다. 만일 그림 16.1(a)에서 차단 주파수를 정하고 L, R 중 어느 하나가 정해졌을 때 다른 소자의 값을 구하는 식은 아래와 같다.

$$R=2\pi f_{cl}L \ (\Omega) \tag{16.2a}$$

$$L=\frac{R}{2\pi f_{cl}} \ (\text{H}) \tag{16.2b}$$

만일 그림 16.1(b)에서 차단 주파수를 정하고 L, R 중 어느 하나가 정해졌을 때 다른 소자의 값을 구하는 식은 다음과 같다.

$$C=\frac{1}{2\pi f_{cl}R} \ (\text{F}) \tag{16.3a}$$

$$R = \frac{1}{2\pi f_{cl} C} \ (\Omega) \tag{16.3b}$$

16.2 고역통과 필터

그림 16.3의 (a)와 (b)는 각각 C-R, R-L 고역통과 필터회로(High Pass Filter: H.P.F.)이다. $X_C = 1/2\pi fC$, $X_L = 2\pi fL$이므로 주파수 f가 높아지면 이상적인 경우에는 X_C는 0, X_L은 ∞가 된다. 저역통과 필터에서와 같이 $L = 100\,\text{mH}$, $C = 100\,\mu\text{F}$이고 그림 16.3(a)에서는 R값이 10 Ω, 그림 16.3(b)에서는 R값이 10 kΩ, 주파수 $f = 10$ kHz이라면 아래의 표 16.2와 같다.

표 16.2와 같이 높은 주파수에서는 입력단의 임피던스가 출력단의 임피던스에 비해서 아주 작으므로 입력전압이 그대로 출력단에 통과되어 나타난다고 볼 수 있다. 그림 16.3 회로의 주파수 특성은 그림 16.4와 같이 점선의 이상적인 경우라면 높은 주파수 모두에서 전혀 전압 손실이 없이 전달되어야 하지만 실제에 있어서는 입력단과 직렬로 연결된 C, R의 임피던스가 0이 되지 않으므로 고역 주파수의 아래쪽에서는 감쇠가 발생한다. 출력전압 V_o가 $1/\sqrt{2}$ (≒ $0.707\,V$)이 되는 주파수를 고역차단 주파수 f_{ch}라 한다. 고역차단 주파수의 식은 아래와 같이 저역통과 필터와 같다.

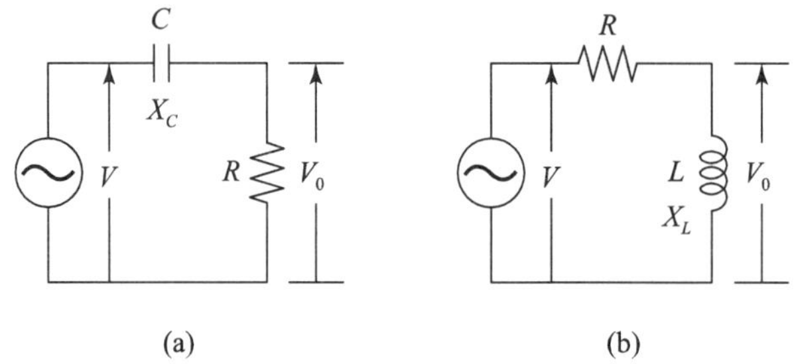

그림 16.3 고역통과 필터회로

표 16.2

구 분	$X_C(\Omega)$	$X_L(\Omega)$	$R(\Omega)$	X_C/R	R/X_L
f = 10 kHz	16	62800(Ω)	10 kΩ, 10 Ω	16/10000	10/62800

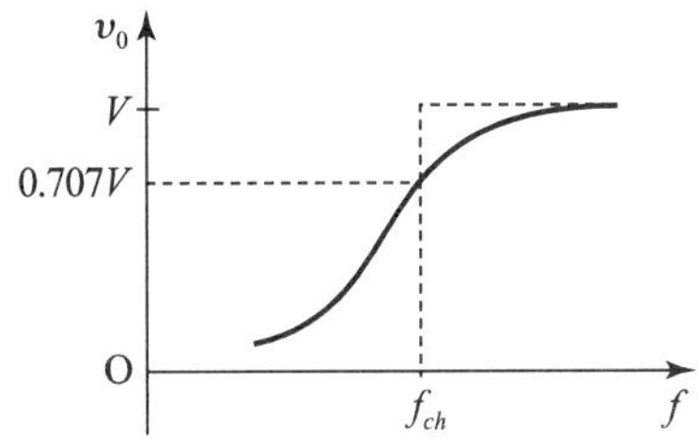

그림 16.4 H.P.F.의 f 특성

$$C\text{-}R\text{회로}: \ f_{ch} = \frac{R}{2\pi L} \ (\text{Hz}) \qquad (16.4a)$$

$$R\text{-}L\text{회로}: \ f_{ch} = \frac{1}{2\pi RC} \ (\text{Hz}) \qquad (16.4b)$$

2 소요 기기 및 재료

구 분	명 칭	규 격	수 량
소요 기기	1. 오실로스코프(2ch)	아날로그 또는 디지털	1
	2. 브레드 보드 또는 전용 실습장치(Trainer)	82×55 mm 이상	1
소요 재료	1. 저항	68 Ω, 1/4 W 680 Ω, 〃 1.5 kΩ, 〃	2 2 1
	2. 인덕터	10 mH 100 mH	1 2
	3. 커패시터	마일라, 0.047 μF, 50 V 전해, 22 μF, 50 V	1 1
	4. 단심 연결선	0.6 Φ, 3~5 cm	4~6

3 과제 수행 순서

1. 그림 16.5(a), (b)와 같은 L-R, R-C 저역통과 필터회로에 $V_{p-p}=2$ V의 정현파 발생기를 입력단에 연결하여 표 16.3의 각 주파수에 해당하는 출력전압(최댓값)을 오실로스코프로 측정하여 표 16.3에 기입하시오.

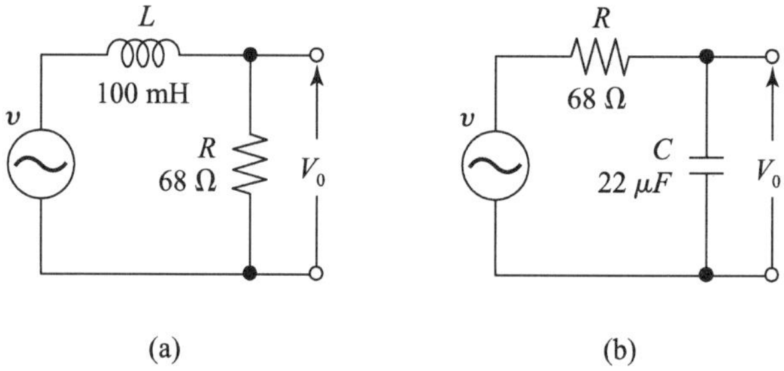

그림 16.5 L.P.F. 회로

표 16.3

구 분	40 Hz	60 Hz	80 Hz	100 Hz	150 Hz	200 Hz	300 Hz	400 Hz	600 Hz	800 Hz
L-R										
R-C										

2. 그림 16.1(a) 회로에서 R값은 그대로이고 L값을 바꾸어 저역차단 주파수 f_{cl}을 80 Hz로 하기 위한 L값을 식 (16.2b)를 이용하여 계산하여 적으시오.

계산 f_{cl}=(　　　　　　Hz)

3. 그림 16.6(a), (b)의 C-R 및 R-L 고역통과 필터회로에서 입력단에 $V_{p-p}=2$ V의 정현파 발생기를 연결한 뒤 표 16.4와 같은 주파수에서 출력전압(최댓값) V_o를 오실로스코프로 측정하여 기입하시오.

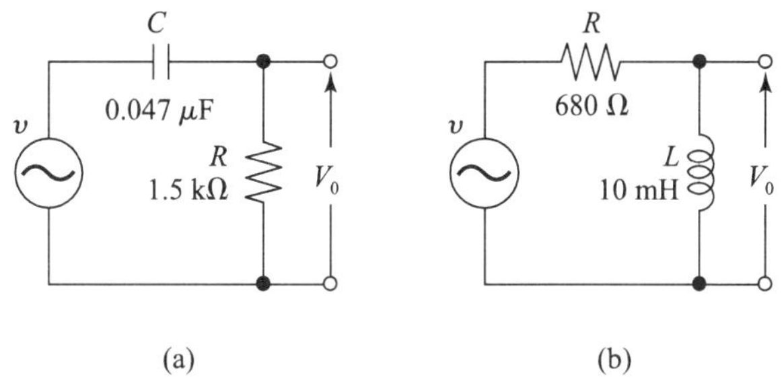

그림 16.6 H.P.F. 회로

표 16.4

구 분	1 kHz	2 kHz	3 kHz	4 kHz	5 kHz	6 kHz	7 kHz	8 kHz	9 kHz	10 kHz
C-R										
R-L										

4. 그림 16.6(a)에서 C는 그대로인 상태에서 고역차단 주파수 f_{ch}를 5 kHz로 하기 위한 R값을 계산으로 구하시오.
   계산 f_{ch} = (kHz)

수행 보고서

과제 16	저역 및 고역통과 필터	학번 :	성명 :

1. 수행 1~수행 4의 결과(표 16.3, 표 16.4)를 적어 보시오.

표 16.3

구 분	40 Hz	60 Hz	80 Hz	100 Hz	150 Hz	200 Hz	300 Hz	400 Hz	600 Hz	800 Hz
L-R										
R-C										

계산 f_{cl} = (Hz)

표 16.4

구 분	1 kHz	2 kHz	3 kHz	4 kHz	5 kHz	6 kHz	7 kHz	8 kHz	9 kHz	10 kHz
C-R										
R-L										

계산 f_{ch} = (kHz)

2. 수행 1의 결과(표 16.3)에 대한 주파수 특성곡선을 다음 그래프에 그려 보시오(L-R, R-C).

(절취선)

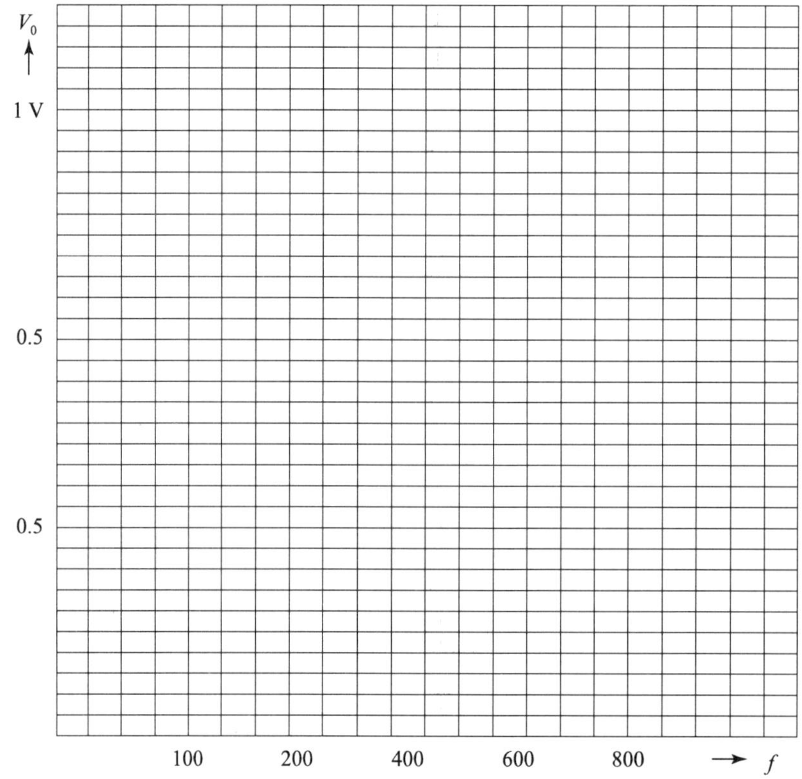

3. 위의 특성곡선으로부터 저역차단 주파수를 각각 적으시오.

   L-R : f_{cl} =(Hz), R-C : f_{cl} =(Hz)

4. 그림 16.1 회로소자를 대입한 계산값과 위 3항에서 구한 값이 같은지를 비교해 기술하시오.

5. 수행 2의 계산값과 측정값이 일치하는지를 비교해보고 오차가 있다면 그 이유를 적으시오.

6. 수행 3의 결과(표 16.4)에 대한 주파수 특성곡선을 아래의 그래프에 그려 보시오 (L-R, R-C).

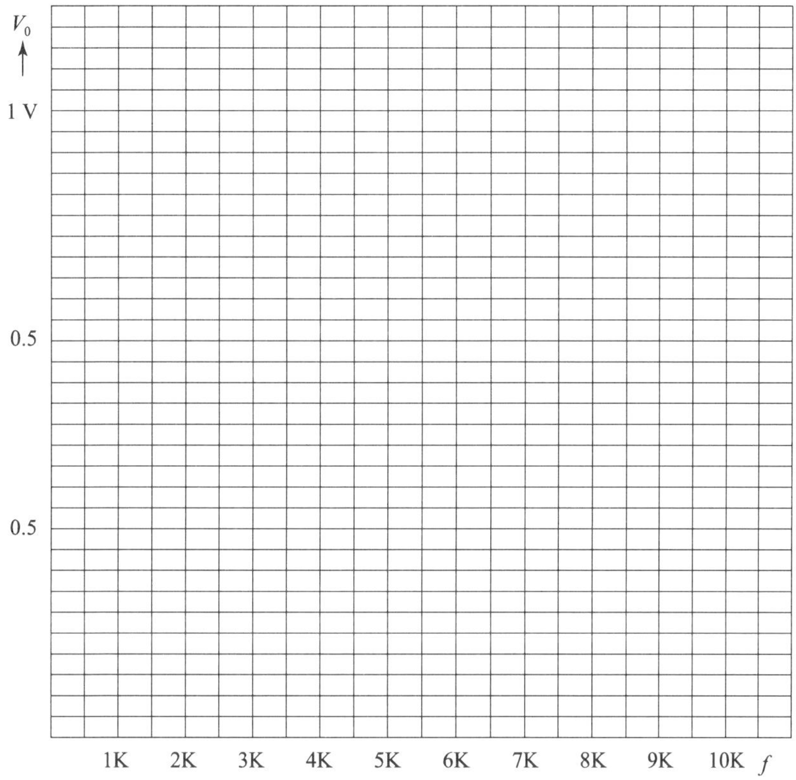

7. 위의 특성곡선으로부터 저역차단 주파수를 각각 적으시오.

C-R : f_{cl} =(Hz), R-L : f_{cl} =(Hz)

8. 그림 16.2 회로소자를 대입한 계산값과 위 7항에서 구한 값이 같은지를 비교해 기술하시오.

9. 수행 4의 계산값과 측정값이 일치하는지를 비교해보고 오차가 있다면 그 이유를 적으시오.

(절취선)

자기 평가서

과제 16	저역 및 고역통과 필터	학번 :	성명 :

순번	학습내용	확실하게 이해	보통 이해	이해 미흡
1	저역통과 필터회로의 구성 원리			
2	저역통과 필터회로의 주파수 특성			
3	f_{cl}(저역차단 주파수)의 정의			
4	f_{cl}에 의한 R, L 또는 R, C의 계산법			
5	고역통과 필터회로의 주파수 특성			
6	f_{ch}(고역차단 주파수)의 정의			
7	f_{ch}에 의한 C, R 또는 R, L의 계산법			
8	과제 수행 후 만족감(○표)	상	중	하

종합 소견 평 :

* 학생이 과제 수행을 마치고 학습내용에 대한 본인의 이해도를 스스로 평가함.

(절취선)

수행 평가서

과제 16	저역 및 고역통과 필터	학번 :	성명 :

내 용	반영률	A (아주 우수) 29/19/10	B (우수) 26/17/9	C (보통) 23/15/8	D (다소 부족) 19/13/7	E (아주 부족) 15/10/5	점수
수행 결과(표 16.1, 16.2)	30 %						
자기평가와 수행평가의 일치성	10 %						
지식 표현능력(수행 보고서 2, 3, 6, 7항)	20 %						
지식 연계능력(수행 보고서 4, 5, 8, 9항)	20 %						
학습태도	20 %						
합 계							

종합 평가 :

* 지도교수의 평가서로 학생 평가, 피드백 및 차후 과제 진행에 참고자료로 활용.

** A, B, C, D 밑의 a/b/c는 반영률 30 %(a), 20 %(b), 10 %(c)의 백분율 점수.

(절취선)

평가 방법 및 조치

1. 자기평가와 수행평가의 일치성은 측정 데이터의 정확성과 수행 보고서를 근거로 판정.
2. 수행 보고서는 측정 데이터의 정확성을 위주로 평가.
3. 학습태도는 협동력, 집중도, 수행 자세, 정리 정돈을 중점적으로 관찰 평가.
4. 평가점수가 60점 미만이면 피드백 대상이며 부족한 부분에 대해서 보충교육 수행.

부 록

1 *R*, *L*, *C* 교류회로 간추림

회로구성	회로도	임피던스(Ω)	벡터도	v, i의 위상각(°)
R-L 직렬	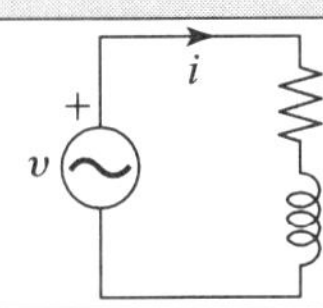	$Z=R+j\omega L$ $\lvert Z\rvert=\sqrt{R^2+(\omega L)^2}$ $v=V_m\sin(\omega t+\theta)$	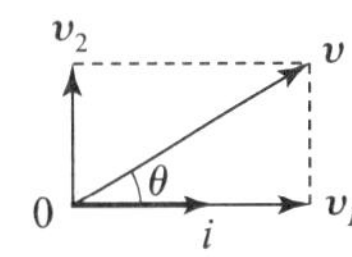	$\theta=\tan^{-1}\dfrac{\omega L}{R}$
R-L 병렬	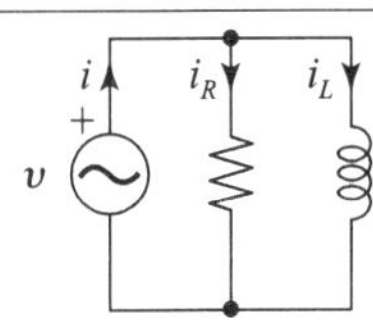	$Y=G-jB_L$ $\lvert Y\rvert=\sqrt{\left(\dfrac{1}{R}\right)^2+\left(\dfrac{1}{\omega L}\right)^2}$ $v=V_m\sin(\omega t+\theta)$	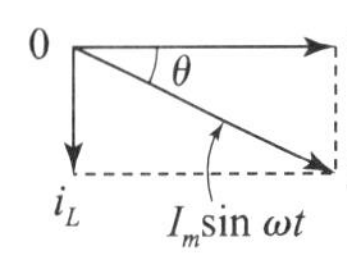	$\theta=\tan^{-1}\left(-\dfrac{R}{\omega L}\right)$
R-C 직렬	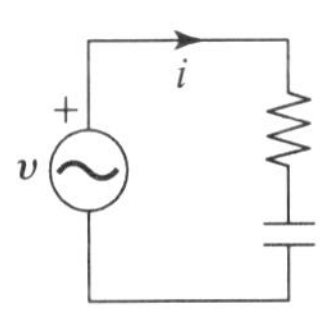	$Z=R-j\dfrac{1}{\omega C}$ $\lvert Z\rvert=\sqrt{R^2+\left(\dfrac{1}{\omega C}\right)^2}$ $v=V_m\sin(\omega t-\theta)$	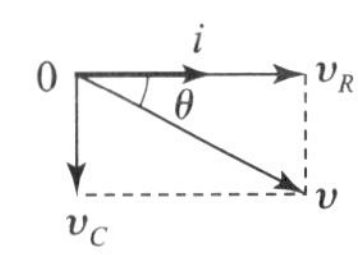	$\theta=\tan^{-1}\left(-\dfrac{1}{\omega RC}\right)$
R-C 병렬	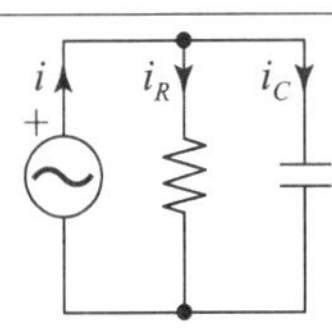	$Y=G+jB_C$ $\lvert Y\rvert=\sqrt{\left(\dfrac{1}{R}\right)^2+(\omega C)^2}$ $v=V_m\sin(\omega t-\theta)$	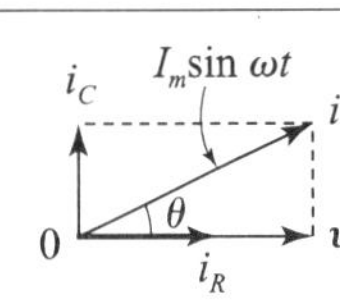	$\theta=\tan^{-1}\omega RC$
R-L-C 직렬	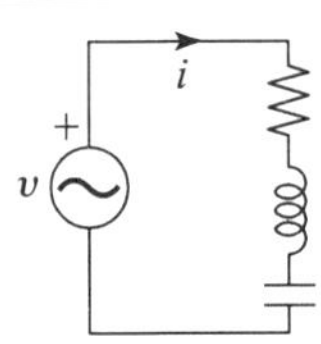	$Z=\dfrac{v}{i},\ Z=\dfrac{V}{I}$ $I=\sqrt{I_R^2+I_C^2}$ $v=V_m\sin(\omega t+\theta)$	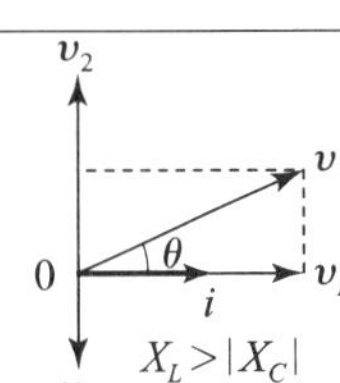	$\theta=\tan^{-1}\dfrac{X}{R}$ $X=X_L-\lvert X_C\rvert$
R-L-C 병렬	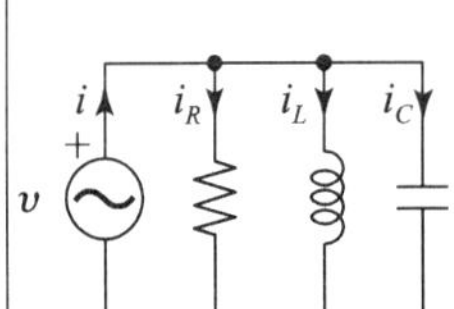	$Z=\dfrac{v}{i},\ Z=\dfrac{V}{I}$ $I=\sqrt{I_R^2+(I_L-I_C)}$ $v=V_m\sin(\omega t-\theta)$	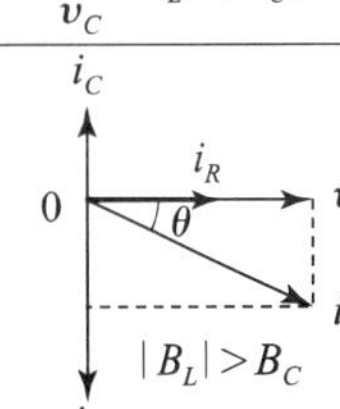	$\theta=\tan^{-1}\dfrac{B_C-B_L}{G}$

2 tan^{-1} 표 : 0°~45°

도수	0′	10′	20′	30′	40′	50′	60′
1	0.0000	0.0029	0.0058	0.0087	0.0116	0.0145	0.0175
2	0.0175	0.0204	0.0233	0.0262	0.0291	0.0320	0.0349
3	0.0349	0.0378	0.0403	0.0437	0.0466	0.0495	0.0524
4	0.0524	0.0553	0.0582	0.0612	0.0641	0.0670	0.0699
5	0.0699	0.0729	0.0758	0.0787	0.0816	0.0846	0.0875
6	0.0875	0.0904	0.0934	0.0963	0.0992	0.1022	0.1051
7	0.1051	0.1080	0.1110	0.1139	0.1169	0.1198	0.1228
8	0.1228	0.1257	0.1287	0.1317	0.1346	0.1376	0.1405
9	0.1584	0.1614	0.1644	0.1673	0.1703	0.1733	0.1763
10	0.1763	0.1793	0.1823	0.1853	0.1883	0.1914	0.1944
11	0.1944	0.1974	0.2004	0.2035	0.2065	0.2095	0.2126
12	0.2126	0.2156	0,2186	0.2217	0.2247	0.2278	0.2309
13	0.2309	0.2339	0.2370	0.2401	0.2432	0.2462	0.2493
14	0.2493	0.2524	0.2555	0.2586	0.2617	0.2648	0.2679
15	0.2679	0.2711	0.2742	0.2773	0.2805	0.2836	0.2867
16	0.2867	0.2899	0.2931	0.2962	0.2994	0.3026	0.3057
17	0.3057	0.3089	0.3121	0.3153	0.3185	0.3217	0.3249
18	0.3249	0.3281	0.3314	0.3346	0.3378	0.3411	0.3443
19	0.3443	0.3476	0.3508	0.3541	0.3574	0.3607	0.3640
20	0.3640	0.3673	0.3706	0.3739	0.3772	0.3805	0.3839
21	0.3839	0.3872	0.3906	0.3939	0.3973	0.4006	0.4040
22	0.4040	0.4074	0.4108	0.4142	0.4176	0.4210	0.4245
23	0.4245	0.4279	0.4314	0.4348	0.4383	0.4417	0.4452
24	0.4452	0.4487	0.4522	0.4557	0.4592	0.4628	0.4663
25	0.4663	0.4699	0.4734	0.4770	0.4806	0.4841	0.4877
26	0.4877	0.4913	0.4950	0.4986	0.5022	0.5059	0.5095
27	0.5095	0.5132	0.5169	0.5206	0.5243	0.5280	0.5317
28	0.5317	0.5354	0.5392	0.5430	0.5467	0.5505	0.5543
29	0.5543	0.5581	0.5619	0.5658	0.5696	0.5735	0.5774
30	0.5774	0.5812	0.5851	0.5890	0,5930	0.5969	0.6009
31	0.6009	0.6048	0.6088	0.6128	0.6168	0.6208	0.6249
32	0.6249	0.6289	0.6330	0.6371	0.6412	0.6453	0.6494
33	0.6494	0.6536	0.6577	0.6619	0.6661	0.6703	0.6745
34	0.6745	0.6787	0.6830	0.6873	0.6916	0.6959	0.7002
35	0.7002	0.7046	0.7089	0.7133	0.7177	0.7221	0.7265
36	0.7265	0.7310	0.7355	0.7400	0.7445	0.7490	0.7536
37	0.7536	0.7581	0.7627	0.7673	0.7720	0.7766	0.7813
38	0.7813	0.7860	0.7907	0.7954	0.8002	0.8050	0.8098
39	0.8098	0.8146	0.8195	0.8243	0.8292	0.8342	0.8391
40	0.8391	0.8441	0.8491	0.8541	0.8591	0.8642	0.8693
41	0.8693	0.8744	0.8796	0.8847	0.8899	0.8952	0.9004
42	0.9004	0.9057	0.9110	0.9163	0.9217	0.9271	0.9325
43	0.9325	0.9380	0.9435	0.9490	0.9545	0.9601	0.9657
44	0.9657	0.9713	0.9770	0.9827	0.9884	0.9942	1.0000
45	1.0000						

tan^{-1} 표 : 45° ~89°

도수	0′	10′	20′	30′	40′	50′	60′
45	1.000	1.006	1.012	1.018	1.024	1.030	1.036
46	1.036	1.042	1.048	1.054	1.060	1.066	1.072
47	1.072	1.079	1.085	1.091	1.098	1.104	1.111
48	1.111	1.117	1.124	1.130	1.137	1.144	1.150
49	1.150	1.157	1.164	1.171	1.178	1.185	1.192
50	1.192	1.199	1.206	1.213	1.220	1.228	1.235
51	1.235	1.242	1.250	1.257	1.265	1.272	1.280
52	1.280	1.288	1.295	1.303	1.311	1.319	1.327
53	1.327	1.335	1.343	1.351	1.360	1.368	1.376
54	1.376	1.385	1.393	1.402	1.411	1.419	1.428
55	1.428	1.437	1.446	1.455	1.464	1.473	1.483
56	1.483	1.492	1.501	1.511	1.520	1.530	1.540
57	1.540	1.550	1.560	1.570	1.580	1.590	1.600
58	1.600	1.611	1.621	1.632	1.643	1.653	1.664
59	1.664	1.675	1.686	1.698	1.709	1.720	1.732
60	1.732	1.744	1.756	1.767	1.780	1.792	1.804
61	1.804	1.816	1.829	1.842	1.855	1.868	1.881
62	1.881	1.894	1.907	1.921	1.935	1.949	1.963
63	1.963	1.977	1.991	2.006	2.020	2.035	2.050
64	2.050	2.066	2.081	2.097	2.112	2.128	2.145
65	2.145	2.161	2.177	2.191	2.211	2.229	2.246
66	2.246	2.264	2.282	2.300	2.318	2.337	2.356
67	2.356	2.375	2.394	2.414	2.434	2.455	2.475
68	2.475	2.496	2.517	2.539	2.560	2.583	2.605
69	2.605	2.628	2.651	2.675	2.699	2.723	2.747
70	2.747	2.773	2.798	2.824	2.850	2.877	2.904
71	2.904	2.932	2.960	2.989	3.018	3.047	3.078
72	3.078	3.108	3.140	3.172	3.204	3.237	3.271
73	3.271	3.305	3.340	3.376	3.412	3.450	3.487
74	3.487	3.526	3.566	3.606	3.647	3.689	3.732
75	3.732	3.776	3.821	3.857	3.914	3.962	4.011
76	4.011	4.061	4.113	4.165	4.219	4.275	4.331
77	4.331	4.390	4.449	4.511	4.574	4.638	4.705
78	4.705	4.773	4.843	4.915	4.989	5.066	5.145
79	5.145	5.226	5.309	5.396	5.435	5.576	5.671
80	5.671	5.769	5.871	5.976	6.034	6.197	6.314
81	6.314	6.435	6.561	6.691	6.827	6.968	7.115
82	7.115	7.269	7.429	7.596	7.770	7.953	8.144
83	8.144	8.345	8.556	8.777	9.010	9.255	9.514
84	9.514	9.788	10.078	10.385	10.712	11.059	11.430
85	11.430	11.826	12.251	12.706	13.197	13.727	14.301
86	14.301	14.924	15.605	16.350	17.169	18.075	19.081
87	19.081	20.206	21.470	22.904	24.542	26.432	28.636
88	28.636	31.242	34.368	38.188	42.964	49.104	57.290
89	57.290	68.750	85.940	114.59	171.89	343.77	
90							

찾아보기

집필자 소개

진공관에서 트랜지스터, 마이크로프로세서 칩 시대까지 지난 50여 년 동안 첨단문명의 변천을 지켜보고 그 속에서 생활해 온 기능, 기술인이다. 국내 최초로 기능장, 기술사, 공학박사 모두를 취득하여 이론, 실무, 현장을 두루 섭렵하면서 이 셋의 조화를 누구보다도 강조하였고 또한 몸소 실천하면서 한국의 산업발전을 위해 노력해 온 기능, 기술, 과학인이다. 대학원(서울대)을 마친 뒤 연구소(KIST), 산업현장(인켈, 대우전자, 맥슨전자, 광전자) 등에서 연구 및 개발 책임자, 생산기술, 공장관리, 기술자문의 활동을 해 오면서도 유난히 기능인들과의 협업을 중시하였고 한국 기능 올림픽 심사위원, 국가자격시험 심의위원, 창원기능대학(현 폴리텍대학 Ⅶ) 교수, 군장대학교 교수 등 직업훈련 및 산업현장과 밀접한 직무를 꾸준히 유지해오면서 ≪쉽게 배우는 회로이론≫, ≪쉽게 배우는 전자기학≫, ≪전자회로≫, ≪실용전자회로≫, ≪기초 전기·전자≫, ≪연산 증폭기≫, ≪OP 앰프 실험≫, ≪디지털회로≫, ≪디지털회로 실험≫, ≪마이크로프로세서≫, ≪전자회로 프로젝트 33≫, ≪음향기기≫, ≪PA 음향시스템≫, ≪다양한 전자회로 모음≫ 등 30여 권의 저서를 집필하였다.

NCS 기반의
전기 · 전자 기초 회로 실험

2015년 06월 10일 1판 1쇄 인쇄
2015년 06월 15일 1판 1쇄 발행

저 자 ● **박 건 작**

발행자 ● **조 승 식**

발행처 ● (주) 도서출판 **북스힐**
서울시 강북구 한천로 153길 17

등 록 ● 제 22-457 호

TEL (02) 994-0071(代)

FAX (02) 994-0073

E-MAIL bookswin@unitel.co.kr
www.bookshill.com

값 14,000원

잘못된 책은 교환해 드립니다.

ISBN 978-89-5526-974-1